비밀 공작

(The Covert Operation)

Contents

서 문

Ⅰ.디지털 · AI시대 스파이 전쟁양상

Ⅱ.냉전 및 포스트 냉전 시기 공작

☰ 냉전 시기 공작 ☰

三 포스트 냉전 시기 공작 三

Ⅲ.두더지(mole) 색출 공작

정보 관련 유머

정보기관의 별명에 관한 유머 세 가지가 있다.

#1. 저 수족관에는 어떤 물고기가 살고 있나요?
“**피라나(PIRANHA)**’ 한 종류만 살고 있지! ”

#2. 스파이가 죽어 천국에 갔다. 베드로가 “너는 세상에서 무엇을 하다 왔느냐?”고 물었다.
“ 잘 아시잖아요. **아무 말도 못해요(Never say anything)**”

#3. 서커스에서 일한다는 한 부부가 입양기관을 찾았다. 복지사는 서커스단에서 아이가 잘 자랄 수 있을지 걱정되었다. 이런 저런 질문 끝에 마침내 입양을 허가하기로 하고 마지막으로 물었다.
“몇 살짜리 입양을 원하나요?”
“나이는 상관없습니다. **대포(canon)**에만 맞으면 됩니다.”

여기서 **‘수족관’**은 유리로 둘러싸인 사무실이 많은 러시아 군정보기관인 GRU(정보총국)의 애칭이고, **“아무 말도 못해요”**는 미국의 세계 최대 감청기관인 NSA(국가안보국)을 패러디한 것이다. NSA의 약자로 “No Such Agency”로 부르기도 한다.
‘서커스’는 <팅커 테일러 솔저 스파이>로 유명한 존 르 카레(2021년 사망)의 소설 속 영국 비밀정보부(MI6=SIS)가 있는 거리 이름이고, **‘대포(canon)’**는 MI6를 연상시키는 은유적 표현이다.

서 문

2021년 1월 6일, 수백 명의 트럼프 전 대통령 광적인 지지자들이 미국 의사당을 난입하여 의사당을 난장판으로 만들었다. 2020년 대선 당선자인 바이든 대통령 후보(당시)에 대한 선거인단 표결에 대한 의회의 인준을 막기 위한 의도였다. 난입한 군중들은 의원들을 위협하고, 의사당을 돌아다니며 기물을 파괴했으며, 100여 명의 의사당을 지키는 경찰관을 공격하여 간부를 비롯 5명이나 사망했다.

이 흉포스러운 사건은 1812년 남북전쟁 이후 처음 있는 일이었으며, 미국 역사상 대통령 직위 이양을 놓고 벌어진 불미스러운 첫 사건이었다. 현장에서 체포된 사람은 몇 명에 불과했다. 난동자들 대부분은 난동 후 의사당을 슬며시 빠져나가 워싱턴 거리의 인파 속으로 사라졌다. 난동자들이 떠난 지 오래지 않아 이들은 이기심이 강한 자들이란 것이 밝혀졌다.

상당수는 의사당 난동장면을 사진이나 다큐멘터리 형태로 찍어 페이스북이나 인스타그램, Parler 같은 소셜미디어 플랫폼에 포스팅했다. 어떤 난동자는 난동 장면을 실시간으로 스트리밍하며 돈을 벌기도 했고, Dlive라는 채팅 앱을 통해 극단주의 팬들과 채팅을 했다.

아마추어 탐정들이 즉시 트위트를 장악하고 자발적으로 조직체를 만들어 난동자들의 신원을 확인하여 사법집행 기관을 도왔다. 다만, 그들의 조사는 즉흥적이어서 일사분란하게 조화를 이루지 못했지만 전문가 뿐 아니라 일반인에게도 공개했다.

참여자들은 비밀열람증이나 신분을 나타내는 뱃지도 필요 없었다. 그저 인터넷에 연결만 하면 되었다. 이 크라우드 소싱(crowd-sourcing) 노력으로 단 몇 시간 만에 수백 개의 비디오와 사진을 수집했다.

난동자들이 스스로 올린 사진을 삭제하거나 소셜미디어 플랫폼들이 그 사진을 자발적으로 내리기 전에 신속히 자료를 모았다. 단순히 증거를 모은 것을 넘어 시민탐정은 침입자의 구체적인 신원을 확인하고, 신원을 특정할 수 있는 특이한 이미지도 수집했다.

예를 들면, 타투(문신)라든가, 옷에 적힌 특이한 글 등이 좋은 수집재료였다. 얼마 되지 않아 법무부 등에서 공개적으로 온라인을 통해 지원을 요청했다. 3월경 아마추어 조사단이 자발적으로 수집한 27만 개의 디지털 팁(자료)을 FBI에게 보냈다.

이런 사례들은 공개정보의 세계가 수면 위로 떠오르고 있음을 보여준다. 국내에서 범죄자나 해외 적대국을 추적하는 일은 정부가 해야 하는 분야 중 하나이다. 정부는 핵심정보를 수집하거나 분석하는 일 만큼은 거의 독점적 지위를 누려왔다.

과거에는 법집행기관만이 손가락 지문과 같은 데이터에 접근 가능했다. 당연히 일반 시민들의 접근은 불가능했다. 정보기관 역시 독특한 데이터를 갖고 있었다. 정보기관은 자원과 노하우를 가진 유일한 기관이기도 했다. 수십 억 달러를 투입한 인공

위성을 쏘아 올려 전천후로 정보를 수집했다. 공개적으로 활용 가능한 첩보도 중요했지만, 정보기관이 작성한 정보에 더 많은 점수를 주었다.

오늘날 디지털/AI 시대로 상징되는 새로운 테크놀로지는 테러 단체와 같은 비국가행위자나 개인들도 정보를 수집하거나 분석할 수 있는 토대를 마련해주었다. 가끔은 정부나 정보기관 보다 더 쉽고 더 빨리 수집 또는 분석한다.

'**정보의 CNN효과**'이다. 테슬라의 Space X가 보여주듯 민간 기업들도 매년 수백 기의 상업용 위성을 쏘아 올리고 원하는 사람 누구에게나 저렴한 비용으로 '하늘에서 찍은 자료'를 제공한다. 우크라이나 전쟁에서 상업위성은 군사위성 못지않게 위력을 발휘한 점이 이를 입증한다.

한편으로 지구상 대부분의 사람들은 핸드폰을 물 쓰듯 사용하며, 언제 어디서든 자신들이 본 것이나 경험을 리얼타임으로 SNS 등에 올린다. 세상사의 절반은 자신도 의식하지 못하는 상태에서 온라인상에서 정보를 획득하고 생산하며 고발한다. 페이스북에는 매일 3억5천만 개의 사진이 포스팅된다.

이렇게 공개정보와 정보의 대중화 문제를 먼저 서술한 것은 '공작'이 점점 더 어려워짐을 강조하려는 취지 때문이다. 영어로 Operation으로 불리는 '공작'은 정보활동의 꽃이다. 정보활동 자체가 비밀이긴 하지만, '공작'은 비밀 중의 비밀로서 '비밀의 제왕'이라고 부를 수 있다. '공작'은 외교부와 같은 정상적인 정부기관이 할 수 없는 영역을 맡아 힘이나 돈 같은 수단을 동원하여 추구하고자 하는 정책을 인위적으로 실현되도록 뒷받침하는데 있다. 정보기관 내 '두더지(Mole)'[1]를 잡기위한 함정공작은 약간 뉘앙스가 다르기는 하다.

'공작'은 위험과 성취감을 아울러 가져다주는 매력적 수단이지만, 디지털 · AI 시대는 '공작'을 점점 더 불가능하게 만들고 있다. 어느 나라나 할 것이 없이 도처에 깔린 CCTV, 핸드폰 통화 사실을 알려주는 중계기지, 얼굴인식 등 생체정보 기술 발달, 핸드폰 카메라 등은 공작관이란 용어를 무색하게 만들고 있다. 2023년 4월 중국이 반간첩법을 강화하여 여행객, 사업가, 학자, 언론인 등도 마음만 먹으면 간첩행위로 몰아가고 있는 것도 적성국을 상대로 한 '공작'이 더욱 어려워질 것임을 예고한다.

이는 한편으로 '공작' 기획 시 매우 치밀하고 정치한 사고를 필요로 함을 시사한다. 그럼에도 '공작'은 비밀유지의 절박성 때문에 매우 소수만이 그 기획에 참여함으로써 '공작' 실행과정에서 맞닥뜨리는 예상치 못한 변수들을 해결하지 못해 '실패'로 귀결되는 경우가 왕왕 발생한다.

정보기관 종사자들에겐 크나큰 숙제가 부여되고 있다 하겠다. 이 책은 주로 냉전시기 공작 사례를 중심으로 편역했다.

---

1) mole 사례 중의 하나가 미 해군 준위 **존 엔터니 워커** 사건이다. 워커는 1968년부터 1985년까지 감쪽같이 스파이활동을 벌였다. 무려 약 20 년간 자행한 배신적 행각이었다. 베트남 전쟁 당시의 미군 동향은 그를 통해서 소련으로 흘러들어갔다. 심지어 해군 하사관인 아들과 친분이 있던 통신전문가를 포섭하여 스파이망까지 구축했다. 하지만 이혼한 아내의 신고로 덜미가 잡혔다.

세계의 주요 정보기관들은 과거는 물론이고 지금도 '공작'대상을 놓고 머리를 짜내고 있을 것이다. 수천 건의 공작 사례가 있을 것이다. 그러나 정보기관의 특성상 그 공작내용이 공개되는 경우가 상당히 드물다. 보다 많은 사례를 담고자 하는 마음이 굴뚝같았으나, 공개된 자료가 많지 않아 부득이 필자가 '손품'을 팔아 수집한 내용을 중심으로 정리했다.

그리고 이 책(<비밀공작>) part 3에 '함정공작'을 포함시키긴 했으나, 이 책에서 주로 다루고 있는 '공작'은 적대국의 여론을 뒤집거나 감청기술을 빼내기 위해 중장기적으로 실시한 정통적인 '공작'을 사례를 중심으로 담았다.

공작 사례도 오늘날에도 반추해도 좋은 사안들이다. 미국에게 에이즈 덮어씌우기 공작, 미국의 우호국이 미국 NSA 감청자료 및 기술 빼내기 장기 공작, KGB와 동구권 정보기관 합작의 나치에 대한 허위자료 확산 공작, 미군의 우크라이나 민족주의자 보호 공작 등이 그것이다. 요즘 벌어지고 있는 유사한 사안과 오버랩시키면 읽기의 효과가 배가된다고 자신한다.

특히 러시아의 우크라이나 지도층 내에 스파이망을 구축한 실태와 침공 후 점령지 주민들에 상대로 한 사찰, 감시, 고문 및 우크라이나 정부협조자 색출 작전은 왜 우크라이나 주민 수백명이 한꺼번에 몰살당하는 참변이 발생했는지를 간접적으로 설명해주는 생생한 자료이다. 현재진행형인 우크라이나 전쟁을 이해하는데 큰 도움을 준다.

마지막으로 언제나 책이 나오기까지 물심양면으로 도와주는 변함없는 지원군이 있다. 마누라와 딸이다. 그 고마움을 지면을 통해 전한다.

2023년 6월, 목멱산(남산의 옛 별칭)아래
청장생활정보연구소 서실에서.

Ⅰ. 디지털·AI 시대 스파이 전쟁 양상

디지털 시대 · AI 시대 정보활동을 언급함에 있어 미국을 먼저 서술하지 않을 수 없다. 웬만한 사람들이 알다시피 미국은 최대의 정보공동체를 운영하고 있다. 18개 기관으로 구성되는 정보공동체(IC: Intelligence Community)라는 말은 미국 정보계에서만 통용되는 말이다. 한마디로 정보기관과 같은 역할을 하는 부서가 많은 때문이다. 각 부처마다 정보를 다루는 조직이 있고, 중앙 조직으로 CIA, ODNI와 같은 별개의 정보기관으로 구성되어 있다.

우리가 너무 잘 아는 CIA를 비롯 국방부 산하 감청을 전문으로 하는 국가안보국(NSA), 국방정보국(DIA), 위성사진을 전문적으로 촬영하고 분석하는 국가정찰국(NRO), 국가지리정보국(NGA)[2], 국가방첩보안국(DCSA), 법무부 산하 연방수사국(FBI), 9.11 테러이후 만든 국토안보부 산하 국토안보수사국(HSI) 등이 그것이다. 많은 정보기관을 운영하다보니 인원도 3만여 명이나 되고, 정보예산도 2022년 기준 657억 달러(약 85조 4000억 원)에 달한다.

이중 메이저 정보기관은 CIA, FBI, NSA, DIA, NRO, NGA 등 6개 기관이다. 그러다보니 정보성격을 띈 기관끼리 밥그릇 다툼도 심하고, 부서 할거주의 및 이기심 등이 복합적으로 작동하고, 이 여파로 9.11 테러 사태가 발생했다고 보고 정보공동

2) 미군이 2011년 수행한 9.11 테러 주범 오사마 빈 라덴 사살작전도 NGA의 정보를 토대로 진행된 것으로 알려져 있다. 1996년 설립되어 지리정보를 바탕으로 군사정보 및 지형정보와 융합해 GEOINT를 생산하며, GEOINT는 정밀 위치측정시스템이나 3차원(3D) 표적 데이터베이스(DB)에 등록된다. 미 본토 내에 100여 개 지역과 해외 약 20곳에 1만 4500명의 직원이 근무 중이다. 풋볼 경기장 3개 규모의 NGA 본부 청사에선 수송기 2대가 착륙할 만한 크기의 공간도 갖추고 있다.(뉴시스, 2022년 10월 30일자.)

체를 통할하는 기관을 2004년 새로 만들었다. 이름하여 ODNI이다. 모든 정보기관을 총괄하는 기관이다.

이 때문에 미국 정보기관의 좌장 역할을 해온 CIA와 종종 충돌한다. 대표적인 예가 CIA 해외지부장 파견 권한을 ODNI가 가지려고 한 사건이다. 오바마 정부 때 벌어진 일인데, CIA가 거세게 반발, ODNI가 한 발 물러섰다.

어쨌든 ODNI의 최고 권한은 각 정보기관이 수집한 최고 정보를 취합해 백악관 등 행정부 최고 인사들에게 보고하는 것이다. 어느 조직이든 최고 수장에게 보고권한을 가지면 힘이 쏠리는 것은 자명한 이치다.

대통령에게 매일 보고하는 것을 **PDB(President Daily Brief)** 즉 대통령 일일보고인데, 10-15쪽 분량으로 파워포인트 형식으로 CIA 시니어 분석관이 보고한다. 전 세계 움직임을 망라한 것으로, **트럼프**는 PDB를 중시하지 않은데다, 장문의 이 보고서를 싫어하여 1-2p 요약 보고서를 선호하여 보고서를 작성하는 분석관들이 애를 먹기도 했다. 정보기관에 대해 우호적인 시각을 갖고 있는 바이든 대통령은 PDB를 꼼꼼히 듣고 많은 참고를 하는 것으로 알려져 있다.

◆ 정보활동의 중심 : 휴민트에서 테킨트로 이동

흔히 정보기관이 첩보를 수집하는 방법은 사람을 침투시키거나 협조자를 포섭해서 수집하는 휴민트(HUMINT)와 기술정보로 불리는 테킨트(TECHINT)로 나누는데, CCTV 확산 등 감시체제가 갈수록 치밀해짐에 따라 휴민트를 통한 정보수집은 어려워지고, 기술과 정보를 결합한 테킨트의 비중이 늘어나고 있다.

테킨트는 또 시긴트(SIGINT)와 이민트(IMINT)로 나누는데, 시긴트는 특수장비를 활용해 통신이나 통화내용을 도/감청하는 방법을 주로 의미한다. 이민트는 사진이나 위성으로 영상을 촬영해 정보를 수집하는 방식이다. 2022년 2월 발생한 우크라이나 전쟁에서 러시아의 침공 준비 상황을 리얼타임으로 증명할 수 있었던 것은 이민트 덕분이다. 그러다보니 실제 전력을 감추는 위장기술도 발달하고 있다. 이 위장 수법을 자주 구사하는 나라가 바로 북한이다.

한편 시긴트는 통신수단을 감청해 수집하는 코민트(COMINT)와 전파를 탐지해 수집하는 엘린트(ELINT)로 구분하기도 하는데, NSA는 매일 10억 개 이상 수집하고 있다.

감청수법은 크게 6가지 유형으로 구분된다. 무선도청기, 음파탐지, 휴대전화 감청, 템페스트, 스마트TV 악성코드, 첩보위성 및 드론 활용 등이다. 이 중 **템페스트**는 일반인에게 생소한 용어인데, PC/프린터 같은 전자기기가 방출하는 전자파를 수집해 유가치 정보를 추출해내는 방법이다.

이런 디지털 보편화 추세로 주목받는 곳이 **NSA**이다. 디지털 시대가 보편화되기 전 까지는 휴민트와 공작을 주로 하는 CIA를 보조하는 기관 정도로 인식되었지만, 사이버 첩보활동의 비중이 커지면서 CIA를 능가하는 역할을 하고 있다. NSA는 그 실체가 상당부분 베일로 가려져 있었으나 2000년대 들어 그 활동양상[3]이 조금씩 드러나기 시작했고, 특히 2013년 NSA의 계약업체 직원이었던 **에드워드 스노든**이 NSA의 감청프로그램 등 엄청난 자료를 빼내 폭로하고 러시아로 도주함으로써 적지 않은 타격을 입기도 했다.

이 당시 **메르켈** 독일 총리 도청 사실[4]도 폭로됨으로써 메르켈이 "수십 년 우방국의 최고 지도자 대화를 엿듣는 것은 용납할 수 없다"며 오바마 대통령에게 항의하고, 오바마가 "다시는 하지 않겠다"고 사죄했을 정도로 파장이 만만치 않았다. 이 사실이 드러난 후 오바마는 NSA 국장에게 크게 화를 냈다고 전해진다. 참고로 작전명은 **'둔함메르 작전(Operation Dunhammer)'**이었다.

---

3) 대표적인 감청프로그램이 '프리즘'으로, 광섬유 케이블에 일종의 도청기를 달아 각종 휴대전화 신호와 이메일 등을 인터셉터했다.

4) 덴마크 국방부 산하 **정보방호국**(FE)과 협력해 유럽의 고위급 정치인들을 대상으로 정보를 수집했다. NSA는 FE를 통해 독일/프랑스/스웨덴/ 노르웨이 등 유럽 정치인과 정부 관리 및 이에 관한 정보를 수집했다. 여기에는 메르켈, 프랑크 발터 슈타인마이어 전 독일 외무장관, 페어 스타인브뤼크 전 독일 사민당 총재 등이 포함되어 있었다. 감청방법은, NSA는 덴마크 해저 케이블에 접속해 저명인사의 문자메시지와 전화에 접근했으며, 그들의 전화번호를 검색해 데이터를 입수했다. 덴마크는 노르웨이/독일/네덜란드/영국을 오가는 해저 케이블에 주요 기지국을 보유하고 있다.

이렇게 항의한 독일도 감청 논란에서 예외가 되지 않는다. 2014년 BND라고 불리는 독일연방정보부가 미국 NSA와 공조하여 유럽 우방국 고위 인사에 대한 도청공작을 벌인데 이어 미국 정부기관 100여 곳을 감청한 의혹이 2017년 독일의 진보적 시사주간지 <슈피겔>의 폭로 보도로 드러났다.[5] 메르켈 총리는 정보세계의 불문율을 따라 시인도 부인도 하지 않았다(NCND).

NRO도 비중이 커진 부문 정보기관이다. 정찰 위성을 비롯한 유/무인 항공기 등을 통해 영상정보를 수집하는 활동에 특화하고 있는 기관으로, 디지털 시대를 맞아 중요성이 점점 커지고 있다. 고고도 무인정찰기 'RQ-4'와 무인기 'MQ-9 리퍼'[6] 등을 집중 활용하고 있다. NRO 정찰위성들은 길이 100m가 넘는 안테나를 갖춰 휴대전화 통신신호를 수십 만 건씩 빨아들이는 것으로 알려져 있다. 생첩보 수집량이 방대하기 때문에 당연히 AI 기술이 활용된다.

AI 소프트웨어가 수집한 신호첩보 중 유가치한 내용을 추출하고 통화내용을 재구성하여 하나의 정보보고서를 생산한다. 현재 50개를 넘는 정찰위성을 포함해 군사위성을 150여개 보유하고 있다.[7]

이외 NRO가 수집한 영상정보를 분석하는 기관으로 '하늘의 CIA 또는 NSA'로 불리는 NGA 역시 그 주가를 드높이고 있다.

---

5) 동아일보, 2023년 4월 22일자.
6) 'MQ-9 리퍼'는 2022년 일본에 배치된 것으로 알려져 있다.
7) 동아일보, 2023년 4월 22일자.

휴민트와 공작에 중점을 두던 CIA 역시 디지털 시대에 맞추어 정보활동 기법을 바꾸고 있다. 디지털 담당 부서를 늘리고 공작부서를 축소하는 조치를 이미 2015년경부터 시행했다. 감청하는 업무도 NSA와 별개로 하고 있다. 아이폰, 아이패드, 안드로이드 폰이나 MS 운영체제(OS)는 물론이고 전원이 꺼진 TV까지 감청도구로 활용한다.

이 같은 사실은 2017년 폭로전문 인터넷 매체인 <위키리크스>가 CIA 사이버정보센터 문건 공개로 일부 알려졌다. 이 문건에 따르면, TV, 라디오, 컴퓨터와 같은 각종 가전제품 해킹 도구를 개발했다. 하드웨어나 소프트웨어 해킹 시스템을 통해 주변 소리를 도청하고 화면을 녹음한다. **'우는 천사(Weeping Angel)'**가 대표적으로, 사용자가 TV 전원을 꺼도 화면만 꺼진 채 주변 소리를 들을 수 있게 하는 TV용 악성코드이다.

한편 감청분야에서 빼놓을 수 없는 기관이 **정부통신본부**로 불리는 영국의 **GCHQ**이다. 그 장소마저 베일에 가려 2000년대가 들어서서야 소재지가 조금씩 공개될 정도이다. 언론에 극히 노출되기 꺼렸으나 몇 년 전부터 언론을 대상으로 한 홍보활동도 간간히 펼치고 있다.

GCHQ의 감청 능력과 암호해독 능력 등은 NSA에 못지않으며, NSA와 협업해서 적대국들에 대한 통신 첩보를 수집하고 분석한다. NSA와 협업하는 조건으로 1년에 한화로 수백 억 원씩 지원받는 것으로 알려지고 있다. 영국의 국내보안기관인MI5와 해외 담당인 MI6에 이어 영국의 3대 정보기관으로 불린다.

◆ 'Five Eyes'가 죽어간다고?

디지털 시대 스파이 전쟁을 서술하면서 언급해야 할 또 하나의 대상이 **Five Eyes**이다. 파이브 아이즈는 미국과 영국이 주도하는 전 세계를 상대로 한 감청망이다. 영어권을 사용하는 5개국을 지칭한다. 미국과 영국(GCHQ, 정부통신본부)이 주축이 되고 호주, 캐나다, 뉴질랜드가 협조하는 체제다. 영국연방이 중심이 된 '파이브 아이즈'는 감청대상에 대한 지리적 한계성 때문에 만들어졌다. 아무리 위성감시 장치가 발달해도 지구 구석구석까지 감청할 수 없기 때문이다.

파이브 아이즈라는 명칭은 미국 기밀문서 등급 분류의 'AUS/CAN/NZ/UK/US EYES ONLY'에서 나왔다. 소속 국가의 정보기관들만 해당 등급의 문서를 볼 수 있다는 의미다. 테러집단 동향은 물론이고 중동지역 정세와 중국/러시아의 군사활동, 북핵 동향 등 회원국 안보에 영향을 미치는 기밀이 공유정보에 해당된다.

가령 영국의 경우, 중동과 아프리카 국가들에 대한 감청망과 기술이 발달되어 있다. 중동정책이 외교정책의 1,2 순위를 다투는 미국에게 있어 영국 GCHQ의 존재는 긴요하다.

냉전기간에는 소련의 탄도미사일 추적, 잠수함 수송 동향 파악 등 중대한 역할을 해왔다.

파이브 아이즈에 속한 5개국은 미군의 비화통신망에 접속할 수 있고, 세계 최대 규모의 통신 감청시스템인 **'에셜론'**도 사용할 수 있다. 에셜론은 1960년대 냉전 시대에 소련과 중앙 유럽국가의 군사 및 외교 통신을 감청하기 위해 만들어졌다.

파이브 아이즈의 또 다른 특성은 다른 그룹에 대한 강한 배타성이다. 설립이후 70년이 흐르도록 추가 가입국이 없이 5개국만 견고한 신뢰를 바탕으로 동맹의 장벽을 높이고 있다. 일본의 좌절이 이를 입증한다. 실체를 드러내지 않고 비밀리에 협력해왔지만 2013년 **에드워드 스노든**이 NSA의 감청 기밀문서를 폭로하면서 세상에 알려지기 시작했다.

파이브 아이즈는 설립 초기인 냉전시대까지만 해도 소련을 겨냥하는 성격이 짙었다. 이후 탈냉전 시대부터는 감시 대상을 전 세계로 확대했다. 중국이 최근의 주요 타깃이다.

바이든 미국 행정부가 아프가니스탄 철수 이후 중국 견제에 외교 안보전략을 집중하고 있는 점, 미 의회에서 처리된 개정안이 인도/태평양 지역에 위치한 한국과 일본, 인도 등 미국의 핵심동맹 및 파트너를 파이브 아이즈에 추가 가입 필요성을 거론한 것이 그 방증이다.[8)]

그런데 2차 대전 후 형성된 이 **'감청동맹체(정보동맹)'**가 트럼프 등장이후 한때 흔들린 적이 있다. 러시아가 2016년 미국 대선에 개입한 러시아 게이트가 그 시발이다.

---

8) 문화일보, 2021년 9월 15일자.

당사자인 트럼프는 러시아게이트 국면을 돌파하기 위해 정보 협력의 중요한 파트너인 영국 GCHQ를 공격했다. 전 CIA분석관이었던(1993년 퇴임) Larry C. Johnson 같은 신뢰성 없는 사람의 말을 듣고 외교적으로나 정보적으로나 문제가 있는 발언을 한 것이다.

"GCHQ가 러시아 게이트에 대한 오도된 내용을 미국 정보기관과 오바마 행정부에 건네주었다 "는 주장이 그것이다. 그런데 **래리 존슨**은 지난 2008년 미셸 오바마가 인종 편견적 용어인 "whitey"라는 용어를 사용했다고 거짓말을 했다가 물의를 빚은데 이어, 러시아 해킹조직의 미국 민주당 전국위원회 해킹 사실도 러시아인이 저지른 사건이 아니라고 우겼던 사람이다. 이런 엉터리 주장을 폭스뉴스가 보도하고, 백악관 대변인인 숀 스파이서가 인용한 것이다.

트럼프로부터 일시 공격당하기도 했던 '파이브 아이즈'는 굳건히 감청 동맹을 유지하면서 정보 정경의 중요한 축을 담당하고 있다. 일본은 몇 년 전 부터 이 감청동맹에 들어가기 위해 물밑작업을 하고 있으나, 뉴질랜드의 반대로 성사되지 못하고 있다.

◆ 감청정보 : 대외정책 결정에 암묵적 영향

1970년대 말 NSA 국장을 역임한 바비 레이 인만(Bobby Ray Inman) 장군은 "커뮤니케이션 소스(source)에서 획득한 가치 있는 정보는 상당히 의미 있게 미국의 외교정책 결정에 중요하다"고 말한 적이 있다.

그 당시 NSA는 3개 그룹으로 나누어 적대국 등의 통신을 감청했다. A그룹은 소련, B그룹은 아시아, C그룹은 나머지 세계를 담당했다. 이 감청정보 수집에 동원되었던 장비가 Crypto-AG 라는 장비다. 우리나라도 구입했다.

정책결정 과정에 감청정보가 얼마나 유용하게 활용되었는지에 대해 상세히 논하기는 어렵다. 왜냐면 이 정보를 활용한 정책결정자들이 어느 정도 반영했는지를 생각할 겨를이 거의 없기 때문이다. 그만큼 긴박하다는 얘기다. 그래도 다음에 제시하는 4가지 사례는 감청정보가 결정적 영향을 미쳤음을 입증해준다.

1978년 캠프데이비드 중동평화 협상

이스라엘과 이집트 간의 **'6일 전쟁'**을 기억할 것이다. 이집트의 선공에 대해 이스라엘 **다얀** 장군이 반격하여 최종적으로 이스라엘의 승리로 끝난 전쟁이다. 이후 중동 지역은 불안하고 얼음장 같은 평화가 지속되었다. 석유라는 사활적 이익이 걸린 미국은 이스라엘을 후원하면서도 중동 지역을 안정화시켜야 하는 이중고에 시달리고 있었다. 시리아를 앞세워 중동지역에 대한 영향력을 행사하는 러시아도 견제해야 하는 입장이었다.

카터 대통령이 중재자로 나섰다. 이스라엘과 이집트 간에 평화협정을 맺는 일이었다. 카터는 사다트 이집트 대통령과 베긴

이스라엘 총리를 캠프데이비드로 불렀다. 이 당시 미국은 이집트 고위관리들이 다른 아랍국가들 간의 통신 내용을 실시간으로 감청하고 있었다. 이는 카터가 무엇을 해야 하고, 어느 점에서 양보를 해야 하는 지 등 중재전략을 세우는데 결정적 기여를 했다.

이란 인질 협상

1979년 이란 대사관에 미국인 52명이 인질로 잡힌 사건을 올드맨들은 기억할 것이다. 무려 1년여 동안 인질로 잡혔다. **호메이니**를 추종하는 시위세력 특히 젊은 시위대가 테헤란 소재 미국 대사관을 점거하고 대사관 직원 등을 인질로 감금한 것이다. 미국으로서는 엄청난 충격이고 고민거리였다. 지루한 석방협상이 1년 정도 소요되었다.

이 당시 중재역을 맡은 사람이 **Algeria인** 이었다. 미국은 이 알제리 중재인과 이란 당국자 간의 통신내용을 거의 감청하여 협상을 유리하게 이끌어 냈다. 답답했던 지미 카터 대통령은 수시로 NSA 국장에게 전화를 걸어 “이란 정부는 어떤 생각을 하고 있는가?”고 물었다. 85% 정도 만족스런 답변을 했다고 한다. NSA 내에서는 이를 두고 “카터와 NSA가 friendship을 맺었다”고 웃곤 했다고 한다.

아르헨티나 군사 정권

1976년부터 1983년까지 권력을 유지한 아르헨티나 군사정권은 감청장비인 Crypto-AG의 단골 고객이었다. 이 장비에는 CIA와 독일 정보기관인 BND가 엿들을 수 있는 백도어 장치가 숨겨져 있었다. 이를 아르헨티나 군부정권은 까마귀처럼 알지 못했다. 대신 CIA와 BND는 아르헨티나 군부정권 Junta가 정적을 가혹하게 다루고 있는 상황을 실시간으로 파악할 수 있었다. **Operation Condor**에 비판적인 반대자들을 탄압하는 것도 알아냈다. **Condor**는 라틴아메리카 좌파를 견제하는 글로벌 공작이다.

헨리 키신저 국무장관도 아르헨티나 군부정권을 지지하며 고취하기도 했다. 키신저는 이 감청정보에 자신감을 얻고 아르헨티나 외교장관을 만났을 때 "우리는 당신들이 성공하길 바라며 당신들을 괴롭힐 생각이 없다"고 말하기도 했다. 아르헨티나 해군이 Crypto-AG를 사용하여 탄압에 앞장섰고 무려 3만여 명이 희생되었다. 미국과 영국 등의 전략무기 판매에 대한 도덕적 논란을 일으킨 요인이 된다.

파나마 사태

1989년 10월, 미국은 파나마를 침공하여 당시 실력자였던 **마뉴엘 노리에가(Manuel Noriega)**를 체포한다. 마약 밀매와 돈 세탁 혐의로. 미군 2만 명을 파견하여 2주 만에 사태를 장악했다. 노리에가는 초기 바티칸 대사관으로 피신했다. 노리에가는 나중에서야 알았다. 바티칸 대사관이 Crypto-AG 장비를 사용하여 외부와 통신했으며, 이를 미국 NSA가 감청하고 있다는 사실을.
결국 항복하고 미국 법정에 서게 되었다.

◆ 미국과 중국 간 스파이 전쟁 격화 : 중국의 만만찮은 공세

중국 첩보활동의 핵심코어는 무엇인가? 중국은 시진핑 체제가 강화됨과 동시에 사실상 미국과 양강 구도를 형성하면서 대외 스파이활동과 병행하여 대내적으론 미국 정보기관의 협조망을 무너뜨리는데 전력을 기울여왔다. 이른바 미국과 중국 간의 스파이 전쟁 격화인데, 점차 미국이 이 전쟁에서 밀리고 중국이 우위에 서는 형국이다.

중국의 정보전략은 3단어로 압축된다. **collect, collect, collect**(수집, 수집, 수집)이다. 서방 전문가들은 중국의 싹쓸이식 정보 수집이 지향하는 바를 제대로 평가하지 못하고 있다. 이유는 중국이 전 방위적으로 정보 수집에 주력하다보니 어디에 초점을 맞추고 있는 지 이해하지 못하고 있는 때문이다.

중국을 대표하는 정보기관인 '**국가안전부**(MSS : Ministry of State Security)'는 미국이 9.11 테러 이후 테러리즘 격퇴에 힘을 빼고 있는 일종의 '정보공백' 상태를 악용하여 대외정보

역량을 강화해왔다. 중국말 ge an guan huo(**隔岸觀火**, 격안관화)는 이를 압축적으로 표현한다. "강 건너 둑 안전한 지역에서 반대편에서 불타는 모습을 지켜봐라. 이 책략은 적이 지칠 때까지 전투에 뛰어들지 않게 해준다."는 뜻으로, 유사한 한자어는 **李逸待勞**(이일대로)이다.

국가안전부는 이 책략을 충실히 따르고 있다. 국가안전부의 장기적 목적은 미국을 어항처럼 가두고 남미에서처럼 미국을 대체하고자 한다. 미국이 이라크 전쟁 등으로 인해 진흙탕에서 빠져 허우적거리고 있을 때 국가안전부는 들키지도 않고 적지 않은 소득을 챙겼다.

중국 정보기관은 미국과의 스파이 전쟁에서 이기고 있다. 2010년 국가안전부는 중국 내 CIA 정보망을 붕괴시켰다. 2년여 동안 수십 명이 체포되어 감옥에 가거나 처형당했다. CIA의 보안 통신 채널까지 해킹하여 미국 정보기관의 통신 내용을 파악했다.

비밀누설자(whispers)도 있었다. 스파이 소설가 존 르카레가 즐겨 쓴 '두더지(mole)'로서, 이름은 **Jerry Lee(중국이름 천싱리)**라는 중국을 대상으로 활동한 전직 CIA 공작관이었다.
CIA에서 퇴직한 뒤 중국 정보기관에게 중국내에서 활동하는 정보요원의 명단을 넘겼고, 2019년 체포되어 19년형을 언도받고 복역 중이다.[9]

---

9) '제리 리'라는 두더지를 검거한 공작은 **'벌꿀오소리' 작전**이었는데, 이에 대한 상세한 내용은 후반부 'FBI의 메두사 작전' 말미에 주석을 다는 형식으로 첨가하였다.

사실 중국이 대외정보 활동을 공세적으로 하기 시작한 것은 2012년 시진핑 집권이후 부터이다. 미국과 같은 적대국의 의도와 능력을 이해하는 게 목적이었다. 시간이 지나면서 정도가 지나치기 시작한다. 특히 미국을 주 타깃으로 삼아 과학 기술에 관한 기밀 정보를 배고픈 거지가 음식을 먹듯 수단과 방법을 가리지 않고 수집했다.

비즈니스맨도 첩보활동에서 예외가 아니었다. 국가안전부 요원이 비즈니스맨으로 위장하여 합법적으로 각지에 침투했는데, 대표적 인물이 **Yanjun Xu**(嚴俊旭, 엄준욱)로서 미국 항공관련 기밀사항을 훔쳤다. 현재 체포되어 감옥생활을 하고 있다.

냉전 시기 공산권과의 정보대결 경험은 오늘에도 유용한 시사점 2가지를 던져준다.
첫째, 중국 스파이들은 과거 소련이 했던 방식과 거의 흡사한 방식으로 활동한다는 점이다. 소련 간첩이 진짜였듯이 중국 간첩도 진짜다.
둘째, 햇빛이 최선의 소독제이다. 미국 정부는 중국 정보활동에 관해 투명성 있게 공개할 필요가 있다. 중국은 동원 가능한 모든 수단- 풍선, 비즈니스, 사이버 등 -을 동원하여 정보활동을 계속할 것이기 때문이다.

Ⅱ.냉전 및 포스트 냉전 시기 공작

냉전 시기 공작

독침달린 우산 : 불가리아 반체제 문인 암살[10]

냉전 기간에 길이 남을 정도로 세상을 경악시킨 암살사건이 있었다. 망명한 불가리아 작가 **게오르기 마르코프**(Georgi Markov)가 1978년 런던의 명소 워털루 다리에서 버스를 기다리던 중 이름 모를 남자로부터 우산 끝에 찔려 4일 만에 사망한 사건이다. 우산의 맨 앞 뾰족한 곳에 미량의 독이 마르코프(Markov)의 다리에 퍼진 때문이다.[11]

2023년 3월 셋째 주, 덴마크 TV는 1978년 암살 사건의 용의자를 파헤친 다큐멘터리를 방영했다. 암살범은 이탈리아 태생의 불가리아 공작원 **굴리노**(Francesco Gullino)로서 코드네임이 **피카딜리(Piccadilly)**로 알려진 인물이다.

---

10) 원제 : The poison umbrella: film sheds new light on infamous cold war killing. by Shaun Walker, 17 Mar 2023, 가디언지.

11) 이 독극물이 묻은 우산은 뉴욕 맨해튼에 있는 <KGB 박물관>에 전시되어 있다.

특히 이번 다큐에서는 동명이 살인을 저지르고도 체포되지 않은 이유에 대해 전 방위적으로 새로운 의문을 제기한다.
굴리노(Gullino)는 정말 독특한 인물로서 조종에 능하고 수년간 불가리아 정보기관을 위해 일한 카멜레온 같은 인물이었다. 2021년 사망할 때까지 그 누구도 방해받지 않고, 감옥에도 가지 않게 자유롭게 살았다.

스코틀랜드 야드 경찰이 동명을 독극물 우산암살 용의자로 지목하고, 이를 뒷받침하는 강력한 증거를 제시했음에도 불구하고.

"그는 침투의 명수였으며, 어디를 내 놔도 자기 자리를 잡았다. 포섭대상자를 찍으면 누구든지 자기사람으로 만들었다. 그러나 그 주위에 있던 사람들은 죽어나갔지만 그림자처럼 행동했고 곧바로 자리를 옮겼다."

30년간 굴리노를 추적한 영화 <우산 살해> 감독인 울릭 스콧(Ulrik Skotte)의 술회다.

굴리노는 1945년 이탈리아 브라(Bra)시에서 태어나 어린 시절 목동 일을 했다. 1970년 불가리아에서 밀수혐의로 체포된 이후 불가리아 정보기관에 포섭되었다. 감옥행과 국제적 스파이 중 양자택일을 강요받았다. 불가리아 아카이브에 있는 동명의 파일을 보면 정보요원 훈련과 임무에 대한 상세한 내용이 담겨 있다. 불가리아인들은 수많은 가짜 여권을 굴리노에게 발급해 주었다.

그런데 마르코프(Markov)살인 사건이 있던 그 달(月)은 굴리노의 파일에 빠져 있다. 아마도 불가리아 정보기관이 동구 공산권이 무너지자 자신들에게 불리한 증거를 없앴기 때문으로 보인다. 이로 인해 굴리노가 확실한 우산 살인범인지 입증하기 쉽지 않다.

하지만 살인과 연관된 정황증거는 무수히 늘려있다. 동명의 가짜여권에 찍힌 도장은 그가 살인하기 몇 주 전에 런던에 체류중이었음을 보여준다. 런던에 잠시 여행한 뒤 '특수 훈련'이란 명목으로 불가리아에 있으면서 불가리아 정보기관장과 만찬을 했다. 이는 해외 정보관에게 극히 드문 일이었다.

그런 다음 굴리노는 로마로 들어간다. 그 곳에서 불가리아 정보요원과 성 피터(Peter) 광장에서 '**established visual contact**(미리 만날 사람을 알려주고 만나는 것)' 접선했다.

자신의 팔에 낀 신문이 접선 신호였다. 공작이 성공했다는 시그널이기도 했다. 살인 사건이 있은 지 얼마 되지 않아 굴리노는 최고 포상을 받았다.

마르코프(Markov)는 공산 불가리아가 싫어한 망명한 작가로, 런던 BBC 국제방송에 취직했다. 우산공격을 받은 저녁부터 심각하게 아프다가 나흘 뒤 병원에서 사망했다. 당시 그의 나이 49세였다. 영국 당국은 처음에는 독이 든 우산에 찔렸다는 마르코프(Markov)의 주장을 믿지 않았지만, 그의 다리에서 미량의 **ricin**(리신: 피마자씨 속에 들어있는 독성물질)이 발견되면서 불신은 사라졌다.

그 당시 가디언지는 이 살해사건을 기사화하면서 "제임스 본드 같은 환상적 세상이 현실이 되었다"고 보도했다. 그렇지만 스코틀랜드 야드 경찰은 무슨 영문인지 살인자 신원을 공란으로 남겨두었다.

1999년 영국 당국은 마침내 불가리아에서 지원받은 정보를 바탕으로 굴리노를 핵심 용의자로 지목했다.

스코틀랜드 야드(Yard)팀이 덴마크 당국과 함께 굴리노를 인터뷰까지 했는데도 체포되지 않았다. 이 시점에 울릭 스콧(Ulrik Skotte)감독은 굴리노 스토리에 대해 관심을 갖기 시작했다. 이탈리아-덴마크 영화감독으로 굴리노를 잘 알았던 지안프란코 인베르니치(Gianfranco Invernizzi)를 통해서였는데, 동명은 굴리노에 대한 영화제작을 하고자 했다. 하지만 그 영화는 제작되지 못했고 스콧(Skotte)은 몇 년 동안 까맣게 잊어버렸다.

2018년 영국 솔즈베리에서 일어난 소련 GRU 대령 **세르게이 스크리팔** 부녀에 대한 독살(**노비촉**) 사건을 계기로 굴리노의 암살사건을 다시 들여다보게 되었다. 인베르니치(Invernizzi)를 뒤늦게 만나기 위해 여기저기 수소문한 결과, 2005년에 이미 죽고 없었다.

인베르니치(Invernizzi)의 마누라는 스콧(Skotte)에게 죽은 영화제작가가 열심히 모은 굴리노에 관한 여러 박스의 자료를 건넸다. 그 자료 속에는 여성 누드 사진이 수 백 장 있었고 상당수는 포르노에 가까운 노골적인 사진들이었다.

모델 에이전시를 운영한 굴리노가 여성들을 포섭하거나 섹스행위를 강요하기 위해 몰래 찍은 사진들이었다. 이는, 굴리노가 섹스에 관심이 없었다는 코펜하겐 거주 굴리노 친구의 견해와는 하늘과 땅 만큼 차이가 났다.

스콧(Skotte)을 경악시킨 또 하나의 사건이 있었다. 몇 년 동안 인베르니치(Invernizzi)가 은밀히 굴리노와 대화내용을 녹음했으며, 여러 사람들이 그와 살인 사건에 대해 갑론을박을 했다는 점이다. 그 박스에 수십 시간 분량의 대화내용 테이프가 담겨있었고, 굴리노가 파시즘을 찬양하는 내용도 일부 있었다.

스콧(Skotte)의 정보는 이전에 알려진 것보다 굴리노에 대해 매우 색다른 그림을 보여준다. 이 자료들을 보면 굴리노가 불가리아 **핸들러**(첩보원 조종관)에게 조차 감춘 것이 많았다. 굴리노는 세계 최정상급 거짓말쟁이였다. 굴리노가 체포되지 않은 것은 정말 미스테리였다. 1993년 굴리노에 대한 심문서를 입수한 스콧(Skotte)은 말한다.

"굴리노가 스파이였다는 증거는 차고 또 차고 넘쳤다. 굴리노는 이전에 겪어보지 못한 최대의 스파이사건 연루자이지만,
누구도 건드리지 않았다."

굴리노는 서방 정보기관과도 내통하여 아마도 알려지지 않은 어떤 굵직한 사건에 대한 정보를 주고 그 대가로 자유의 몸이 된 것으로 추정한다. 명확한 증거는 여전히 없지만.

영국 런던 경찰은 2007년 불가리아를 방문하여 이 사건을 재조사했다. 스코틀랜드 야드(Yard) 경찰이 스콧(Skotte)에게 다큐멘터리 제작 시 활용한 자료를 제공해줄 것을 요구했다.

스콧(Skotte)은 살인을 저지르고도 자유를 만끽하며 살아온 굴리노와 2021년 이메일 인터뷰를 했다. 오스트리아 코딱지만 한 방에서.
그는 살인 연관설을 극구 부인했으며, 얼마 되지 않아 친구도 가족도 그 누구도 지켜보는 이 없이 쓸쓸하게 저 세상으로 갔다.

넵튠공작(NEPTUNE Operation): 체코 정보기관과 KGB 합작, 나치 공포감 조작 내용 퍼트리기 12)

넵튠 공작은 체코 내무부 정보기관 **StB**가 냉전 기간 동안 서독을 겨냥한 허위조작정보공작이었다. 조작된 나치에 관한 문서를 이용했다. 코드네임은 **NEPTUNE**이었다.

1964년 5월 StB는 적절하게 이름 붙인 이 공작을 착실히 수행했다. 보헤미아의 한 호수에 나치가 만들었다는 가짜 서류를 호수에 던져 놓고 우연히 발견된 것처럼 위장하여 이를 공개했다. 서독 정부에 대한 신뢰를 떨어뜨리는 게 목적이었다.

12) Calder Walton이 2021년 9월 21일, "Cold War Disinformation : operation NEPTUNE" 이란 제목으로 윌슨센터 홈페이지에 게재한 글이며, 넵튠은 로마신화에 나오는 해신 넵투누스의 영어식 이름이다.

넵튠 공작의 성격은 프라하에 있는 StB의 서류저장고와 왈튼의 블로그를 통해 그 전모가 드러났다.

왈튼은 'N 공작' 설계자인 **라디슬라브 비트만**(Ladislav Bittman)을 2018년 9월 사망 직전에 인터뷰했다. 비트만은 고위 StB 허위조작정보 담당관이었고, 1968년 미국으로 망명했다. 소련의 잔인성을 보고 공산주의에 대한 회의감이 생겼기 때문이었다. 1968년 4월 소련군 탱크의 프라하 자유운동 진압을 보고 큰 실망감을 갖게 되었다.

미국으로 전향한 이후 CIA 등을 상대로 상세히 브리핑했으며, 남은 일생을 허위선전이 민주주의에 대해 미치는 위협에 대해 연구했다. 의회에서 증언하기도 하고, 책도 출판하며 보스턴 대학에서 강의하기도 했다. 말년에는 해안 도시인 메사추세츠주 락포트(Rockport)에서 화가생활을 했다. 비트만은 한마디로 '**공공여론 조작 전문가**(professional manipulator of public opinion) 였다.

오늘날 기술과 미디어 정경이 전에 없이 바뀌었다고 하지만 국가가 후원하는 밑바탕 전략은 거의 변하지 않았다. 심리적 도구는 소셜미디어로 바뀌었지만 그 목적은 변함이 없다. 과거 'N공작'과 같은 심리전 공작을 이해하는 것은 오늘날의 전체주의 국가 등의 심리전을 이해하는 첩경이 된다.

◆ 공작 맥락(Context)

냉전 시기 소련은 철의 장막 뒤에서 위성국가의 정보기관을 동원하여 심리전을 펼쳤다. 서방과의 대결 속에서 위성국가들을 대리전에 활용했다. 소련의 open 외교정책은 정보기관이 수행했던 은밀한 공작으로 귀결되었고 공개적인 대외정책만큼이나 중요한 위치를 차지했다.

소련의 비밀 외교정책은 '공세적인 조치(active measures)'를 수반했다. 국제정치나 국제문제에 소련에게 이익을 주고 서방측은 신뢰나 권위에 타격을 주는 것이었다. 소련이 구사했던 더러운 공세적 조치 중의 하나가 허위조작정보였다. 교묘하게 살포하고 누가 했는지도 모르게 출처를 감추면서 허위 또는 잘못된 정보를 퍼뜨리는 방법이었다.

소련의 허위조작정보는 서구 민주주의를 전복하는데 초점을 맞추었다. 사회를 갈라치기 하고 그들 사이에 존재하는 갈등을 증폭시키며, 그들 자신의 눈으로 다른 사람들을 불신하게끔 하는 것이었다.

서방도 소련을 상대로 이에 상응하는 행동조치로 반격했다. '비밀공작' 혹은 '**특별 정치적 행동**(special political action)'이란 이름으로 CIA가 전담했으며, 영국 정보기관은 '**손 밑에서 하는 행위**(underhand activities)'라는 점잖은 표현을 사용했다.

비트만은 프라하 소재 찰스 대학에서 법학을 전공했다. 1954년

StB 요원으로 채용된 뒤 승승장구하여 1964년 2월 새로 만든 조직인 '공세적 대책과(Department for Active Measures)' 부국장이 되었다. 이 부서는 KGB로부터 조언자의 위치에서 감독을 받았다.

비트만은 동독에서 근무하면서 서독에 대한 허위역정보 공작을 수행함에 있어 무르익은 주제에 한 가지 얹을 거리가 있다고 보았다. N공작이 자신이 속한 부서의 테스트 케이스였다. 나치라는 제3제국의 공포감을 선전선동함으로써 서독에 대한 불신감을 조장하는 게 목적이었다.

N공작의 대상은 3가지였다. 첫째, 서독 내에 전쟁범죄에 관한 기소를 제한하는 규정을 확대하도록 하는 것인데, 서독 사회내의 균열을 키우는 것이었다. 둘째, 서구 유럽 국가들 내에 '반독일 선전'을 자극하며, 셋째는 서독 정보기관들의 체코를 상대로 한 공작을 와해하는 것이었다.

후반은 나치와 협력한 체코인들의 이름을 조작하는 방식으로 비트만이 기획한대로 달성되었다. 서독 정보기관들이 체코인들을 협조자로 물색하지 못하도록 악독한 유산을 만들어 서독 정보기관에 뒤집어씌우는 방식이었다.

공작은 다음과 같이 진행되었다. StB가 나치가 만든 서류인 것처럼 조작한다. 그 서류는 드라마틱하게 발견되고 대중에 공개되어 유력한 서독의 공적인사들에게 스며들게 한다.

체코 영화제작자가 보헤미안 숲속에서 발견된 이 서류뭉치를 토대로 다큐(가제: 악마와 검은 호수 the Devil's and Black Lakes)를 만들고자 함으로써 StB에게 기회가 찾아왔다.
서독과 체코의 국경사이를 천천히 걸으면서 나치의 행태를 폭로하는 방식이었다. 체코 다큐제작팀은 허가가 필요했기에 내무부의 도움을 요청했다.

그 서류가 발견된 블랙레이크 주변은 누구도 들어오지 못하게 차단했다. 근처에 주둔한 군부대가 이동하기 위해서라는 허위 명분을 만들었다. 이는 비트만과 체코 정보기관에게 그 블랙레이크 주변에 의도적으로 4개의 궤짝(chests)- 나치 문서가 담긴- 을 부식할 시간을 벌어주었다. 수심이 얕은 지역을 골라 진흙 속에 궤짝을 묻어 두고 그들이 발견하도록 장면을 연출했다.

다큐 제작자는 비트만과 스포츠 다이버와 함께 출입을 허용 받았는데, 공작 요원은 다큐 제작을 도와줄 내무부 공무원으로 가장했다. 2개의 호수를 몇 주 동안 살펴보는 과정에서 블랙레이크에 빠져있는 4개의 궤짝을 발견한다. 사전에 짜인 각본에 따라 체코 당국은 즉각 그 발견된 궤짝을 압수한다. 그 궤짝에 폭발물이 들어있을지도 모른다는 명분을 내세우고.

포인트는 그 궤짝에 빈 종이만 있었다는 점이다. StB가 재빨리 그 궤짝에 조작된 나치 서류뭉치를 집어넣어 발견된 것처럼 위장한 것이었다. 내무부 장관은 7월경 언론에 이 궤짝에 비밀스런 내용이 있었다는 투로 언론 플레이를 하면서 바람을 잡았다. 시간 차질은 있었다. 비트만 팀이 예상한 것보다 두 달이나 지체되어 실행된 것이다.

블랙레이크의 나치 서류뭉치는 1964년 9월 15일 내무장관의 공식 기자회견 형식을 빌어 만천하에 공개되었다. 아이러니한 것은 기자회견 장소가 프라하 방송국의 Studio D였는데, 이는 StB의 D 공작부서와 흡사하게 맞춰졌다.

이 기자회견은 센세이션을 불러 일으켰다. 체코, 소련 및 서방 진영의 미디어까지 가세하여 보도경쟁을 벌였다. StB는 허위조작정보 공작이 성공했노라고 흐뭇해했다. 의도했던 3가지 공작 목표도 달성했다고 자평했다. 서독은 역공개방식(adverse publicity)을 택했다. 서독 정부는 1969년까지로 되어 있던 전쟁범죄자에 대한 기소 제한 규정(20년)을 연장했다. 체코를 상대로 한 서독 정보기관들도 공작업무 수행에 적지 않는 타격을 받았다.

◆ 문서들(The Documents)

프라하에 있는 StB 자료보관소 자료를 보면 N공작이 상당히 잘 짜여진 기획과 창의성 및 논리성이 뛰어났음을 알려준다. 대략 비밀로 분류되었던 파일이 37개인데 160페이지 정도 되는 비밀기록 등도 포함되어 있다. 그 중 일부가 2020년 1월 비밀해제가 되었다.

이 기록을 보면 효과적인 허위조작정보 공작에는 3가지 요소를 필요로 했다. 가짜로 조작된 정보(falsified information), 창작자가 누구인지 알 수 없도록 할 것(unattributable to its creator), 타깃으로 삼은 수용자에게 살포하기(which is then disseminated to a target audience).

1964년 5월경 만든 StB의 공작 제안서를 보면, N공작의 영감(inspiration)이 잘 드러난다. 아이디어는 오스트리아 지역에 퍼져있던 유사한 스토리에서 영감을 얻었다. 조작한 나치 서류를 토플리트스(Toplitz) 호수에 숨기는 것이다.

2차 대전 종전 후 루머가 돌았다. 나치가 이 지역 호수가 어딘가에 궤짝을 빠트렸다는 내용이었다. 나치가 이 호수 근처에 금괴를 감춘 것으로 소문이 진화하면서 이 지역 사람들의 호기심을 자극했다.

아마추어 다이버들이 생명을 무릅쓰고 나치가 숨겨놓았다는 금괴를 찾고자 호수에 뛰어들었다. 죽은 사람도 발생했다. 오스트리아 내무장관까지 개입하여 다이버 자격증을 가진 사람만이 잠수할 수 있도록 허용했다. 그러던 중 1964년 12개의 궤짝을 발견하게 된다.

허위정보를 만들기 위한 도구로 가득 찬. 가짜 영국 파운드, 가짜 화폐제작 기구, 얼핏 보면 나치 정보기관이 제작한 것으로 보이는 것이었다. 이 내용이 보도되자 국제적인 관심거리로 부상했다.

오스트리아 호수 바닥에서 발견된 나치 비밀문건들은 중동부유럽에 있는 다른 호수들에게까지 영향을 미친다. 그 호수

어딘가에 전쟁 중에 작성한 또 다른 나치의 비밀 서류가 담긴 궤짝이나 금괴가 있을지도 모른다고 상상했다. 체코 국영매체가 오스트리아 이야기를 끄집어 낸 이후 체코 TV 프로그램 '호기심 카메라(curious camera)' 제작자는 1964년 4월 이에 관한 이야기를 담은 다큐를 제작하기로 마음먹는다.

이는 N 공작의 무대가 되었고, 제작진은 의도하지 않게 방송이라는 전달매체를 공산권 진영의 허위선전의 도구로 역이용당한 셈이 되었다.

예나 지금이나 허위조작정보는 거짓된 정보 생산과 연관되어 있다. 전시 나치 서류를 선택하는 과정은 StB가 KGB에게 보낸 편지에서 잘 드러난다. 1964년 8월이다. 양국 정보기관은 협력하여 진짜 독일 서류를 자신들의 자료보관소에 찾는다. 이렇게 찾은 자료를 조작된 내용에 집어넣는 것이다. 그들은 발견되는 궤짝은 공개될 것이고, 그 내용은 전문가들이 검증하며, 조작한 서류는 스트로우갈(Strougal) 내무장관의 언론 기자회견에서 노출시킨다는 것이다.

N공작을 위해 나치 서류를 만드는 작업은 처음 생각했던 것보다 힘들었다. StB는 체코 자료보관소와 함께 적절한 자료를 찾고자 했으나 별다른 성과를 거두지 못한다.

그래서 1964년 6월 소련정보기관의 도움을 받기로 한다. 소련정보기관은 자신들이 보관 중인 나치 관련 자료를 보내겠다고 약속한다. 소련 정보기관이 최종적으로 만든 독일관련 서류는 나치 독일이 전쟁 전에 오스트리아와 당시 동맹이었던 이탈리아에 대한 독일 해외정보부의 공작에 관한 것이었다. 모스크바도 이를 만드는데 생각보다 많이 지체되어 기자회견을 하루 앞 둔 저녁인 1964년 9월에야 서류뭉치를 가까스로 전달한다.

허위정보 공작의 또 다른 요건은 누가 만들었는지 작성주체를 모호하게 하는 것이다. 진짜로 만든 사람의 손을 감추는 것이다. 블랙 호수에 있는 궤짝에 감추는 공작은 다른 StB 서류에서도 확인된다. '**Stage 1 Behavior Report**'이다. 날짜는 1964년 6월 22일로 적혀있다.

이 서류를 보면 비트만과 그의 팀들이 야밤에 호수가 근처로 가서 아무도 들어오지 못하게 하고 잠수용 스쿠버 옷을 입고 램프를 들고 호숫가에 4개의 궤짝을 묻었다는 내용이 기록되어 있다. StB 팀원 중 한 명이 스쿠버 핀을 잃어버렸으나 운 좋게 찾았다는 내용도 있다.

"공작 장소에 흔적을 남기지 않는다(No trace were left at the work site)"

허위조작정보 살포 공작을 하기 위한 마지막 요소는 대중들에게 퍼뜨리는 방법이다. 이는 "Action Plan(1964.7.9.)"에 선명하게 드러나 있다. 체코 내무장관 스트로우갈(Strougal)이 기자회견을 열어 나치 서류에 대해 전문가들로부터 감정 받았음을 강조하고, 기자들을 발견 장소인 호수로 데려가는 것이었다. 스트로우갈(Strougal) 장관은 비트만의 코치를 받은 뒤

멋지게 기자회견을 열어 미디어들의 취재욕구를 촉발시켰다. 유명한 나치 헌터인 시몬 비센탈(Simon Wiesenthal) 조차도 블랙 레이크의 비밀 서류에 대해 살펴보았을 정도다.

◆ 평가(Assessment)

문제 의식

1) 넵튠공작이 성공한 방법은?(How successful was Operation NEPTUNE?)
2) StB가 주장하는 것처럼 이 공작은 효과적이었나(Was it as effective as the StB claimed in contemporary records?)

소련 치하의 다른 위성국가의 정보기관처럼 StB도 상관에게 공작의 성공과 실적에 대해 과장해서 보고하는 내부 경향이 있었다. 일부 과장은 정보 요원들의 경력주의로 인한 관성 때문에 생기기도 하지만, 이번 이슈는 더 깊숙한 곳에서 시작되었다. 공작 성공에 대한 거짓말은 소련이나 위성 국가의 정보기관 모두에게 고질적인(endemic) 행태였다.

소련 정권의 경우 실패를 인정하는 것은 감옥행이거나 죽임을 당할 지도 모를 일이었다. 서방정보기관 역시도 공작을 실행하면 성공한 것처럼 장식하는 경우가 왕왕 있지만, 이는 정치 지도자에 잘 보이기 위한 용도이다. 그러나 소련 정보기관에 있어 성공여부는 가장 중심적인 사안이었다.

민주국가와 달리 그들은 국민을 위해 존재하는 기관이 아니라 정권을 위해 존재하는 기관이었기 때문이다.
이는 지도자들의 세계관을 확신시키거나 아첨하는 정보만을 보고함을 뜻한다. 한국에서는 이를 '매춘보고서'라고 비아냥거린다. 공작성공을 과장하는 일은 소련 정보기관에게 쉬운 방법이었다. 출세 등과 같은 꿀 같은 기회를 보장하기 때문이다.

비트만은 미국으로 귀순한 뒤 솔직히 인정했다. 자신의 저서 **<기만 게임(The Deception Game)>** 중에서 넵튠공작이 진정으로 효과가 있었는지에 대한 구체적인 증거를 찾기 어려웠다고 실토했다.

서독정부는 나치 전범에 대한 공소시효 기간을 연장했다. StB는 공작을 착수하는 시점부터 스스로 속이기 시작했다. 서방정보기관처럼 StB는 기득권에 집착하여 역정보 공작의 효과를 검증하는, 구체적인 측정을 하려고 하지 않았다.

역정보를 생산하는 일이 더 쉬웠다. 역정보 내용을 살포하고 그 조작뭉치의 양으로 대충 효과를 재는 방식이었다. 이를 계산해서 자신 있게 보고했다. 서방언론이 블랙레이크 비밀을 다룬 기사의 숫자도 포함해서. 이는 진짜로 해야 할 질문에 대해서는 일언반구 언급도 없었다.

"그 공작이 타깃 수용자에게 얼마나 영향이 있었는지?"

이는 StB나 KGB 모두 알고 싶지 않은 질문이었다. 자신들의 운명을 좌우할 지 모르므로. 비트만은 후에 솔직히 인정했다.

"자신들이 기록하진 않았지만 주요한 목적은 서독 정부의 전범에 대한 공소시효 연장이란 결과를 거두는 것이 아니라 서방 타깃들에게 고통과 혼란상을 주고 헷갈리게 한 것"이라고.

이러한 일은 양적으로 측정하기 어려운 일이며 자신의 저서에서 허위 조작정보를 프레임하지 않은 이유이기도 하다. 이런 모호하고 치명적인 전략은 오늘날 적대국가들의 허위조작정보 퍼트리기 행태와 별다른 차이가 없다.

디지털 시대의 허위조작정보 궤짝(Chests of Disinformation in Today' s Digital Age)

비트만은 1968년 미국으로 전향한 이래 소련의 보복과 신체적으로 공격받을까봐 상당한 두려움 속에서 살았다. 소련이 자신을 발견하면 1년 이상 생명을 부지하기 어려울 것이라고 회상했다.

하지만 비트만은 역발상했다. 숨어서 살기보다 서방 세계인 모두의 눈에 노출되는 것이 최선의 방어라고 판단했다. 이 판단은 옳았다. 몇 년이 지난 뒤 비트만은 소련정권의 성가신 존재이긴 하지만 암살대상에서 벗어났다는 것을 믿게 되었다.

그러나 소련이 붕괴된 후 겁을 먹게 되는 사건이 일어난다. 프라하에 있는 StB 존안 서류함에서 전임자 들이 미국으로 전향 이후부터 자신의 행적을 추적해온 기록을 입수했기 때문이다.

자신의 파일에는 친구와 가족들이 자신을 맹비난한 것에서부터 미국 생활에 관해 StB가 교묘하게 적어놓은 것들이 자세하게 포함되어 있었다.

비트만에 관한 StB 파일은 메사추세츠주 락포트(Rockport)에 있는 자신의 집 내부와 주변에 대해 스케치한 지도도 있었다. 이 지도는 동구유럽에서 유학 온 학생 중 누군가가 그렸을 것으로 추정했다. 이들은 자신의 허위조작정보에 대한 강의를 들은 학생이었다. 학기말이면 비트만은 학생들을 집으로 초청해 쫑파티를 하곤 했다. 이는 StB 협조자에게는 둘도 없는 기회였을 것이다.

소련이나 StB의 첩보 공작 기법으로 볼 때 그 집에 대해 스케치한 사람은 현지에서 은밀히 포섭한 협조자로서, 자신이 하는 일이 어떤 결과를 져오는지, 부탁한 사람이 정보요원이었는지도 몰랐을지 모른다. 비트만에게 자신의 집을 누군가 스케치한 사실은 자신에 대한 파일을 갖고 있는 StB가 공포스러운 암시를 던진 것이기도 했다. 납치를 하거나 신체적 폭력을 가할 수 있는 행동적 자료로 사용될 수 있기 때문이다.

비트만은 말한다.

”우리는 허위조작정보의 황금시대에 살고 있다. 소셜 미디어는 허위정보를 미사일만큼이나 빠르게, 더 쉽게 값싼 비용으로 퍼지게 하고 있다. 2차 대전이나 냉전시기와는 비교가 안 될 정도이다.“

현대에 와서 허위조작정보 살포에 대한 새로운 기술이 나날이 등장하고 있다. 미국의 경우 소셜미디어를 통해 유포되는 허위 조작정보를 믿는 경향이 많아지고 있음은 낙담스런 경향이다. 비트만은 말했다. ”자신이 StB에 다닐 때에는 단지 전문적인 허위조작정보 전문요원이 되는 게 꿈이었다“고.

넵튠 공작의 역사는 특정 국가가 경쟁국을 상대로 심리전 내지는 허위조작정보 공작을 하는 방법 등에 대한 통찰력을 준다. 이 공작은 우리에게 현대 디지털 세상에도 적용가능한지에 대한 숙제도 던져준다. (What would a contemporary chest of disinformation documents would look like today?)

러시아 해커들은 넵튠 공작 당시에 써먹던 기술을 재사용하는 방법을 터득했다. 온라인 공간을 이용한 심리전 공작을 하면서 조작내용을 살포하고 진짜 서류 속에 끼워 넣는다.

러시아 시각에서 보면 2016년에 폭로된 **'파나마 페이퍼'**는 푸틴 정권의 신뢰도를 저하시키기 위한 디지털 허위조작정보의 궤짝에 불과하다. 오늘날 러시아와 중국 정보기관은 '상대 정당의 분열을 야기하는 주요 사안(wedge issue)'를 사용하여 서방을 상대로 심리전을 펼치고 있다.

그들은 **'astroturfing'** 기술[13]을 사용한다. 공작관이 온라인상에서 서구시민으로 행세하며 그럴듯한 소문을 퍼트린다.

---

13) 어떤 사안에 대해 인기 있는 풀뿌리 운동처럼 보이기 위해서 공적인 관계나 정치적인 캠페인을 이용하는 것을 말한다.

서구 사회의 언론의 자유를 최대한 악용하는 것이다. 핫이슈에 끼어들어 국민 여론은 분열시키는 것이다.

wedge issue(집단 등을 분열시키는 쟁점)에는 백신불신 선동, 서방측이 개발한 화이자 모더나에 대한 불신감 조성, Black Lives Matter[14], 낙태 반대, 영국의 브렉시트 등도 포함되어 있다.

민주사회의 고민은 이 같은 허위조작정보 퇴치가 쉽지 않다는 데 있다. 공산권 사회가 퍼트리는 허위조작정보에 가장 적절히 대처하는 방법은 깨어있는 시민들이 간여하는 것이다.

뉴스를 비판적으로 소비하여 건강한 여론을 조성하고, 혼란시키려는 허위정보를 파악하는 것이다. 시민적 간여는 디지털 리터러시 즉 문해력과 연관된다. 가짜뉴스와 진짜 뉴스를 가려내는 능력이다.

---

14) 2012년 미국, **'조지 짐머만**'이라는 히스패닉계 미국인 성인 남성이 '트레이본 마틴'이라는 미국 흑인 청소년을 살해한 사건으로 인해 2013년 소셜미디어에 '#Black Lives Matter'를 사용하면서 시작된 사회 운동이다. 이후 흑인 범죄자에 대한 체포 과정에서 백인 경찰의 과잉 진압에 대해 주로 항의하는 사회 운동이다. **"Black Lives Matter"**라는 구호와 해시태그가 이 운동의 대표적 상징이다. **BLM**으로 줄여 부르기도 한다. 2020년 **조지 플로이드**라는 흑인 가장이 미네소타 백인 경찰의 총격에 맞아 죽는 사고가 발생하면서 미국 대도시 전역에 시위가 벌어진 바 있다. 이때 이 구호가 미국은 물론 전 세계에 퍼졌다.(출처 : 나무위키)

덴버 공작(DENVER Operation): KGB/동독 슈타지[15]의 에이즈 허위조작정보 퍼트리기[16]

미국이 2010년 초부터 러시아의 허위조작정보와 싸우느라 정신이 없는 가운데 일군의 저널리스트들은 냉전기간 소련이 자행했던 허위조작정보 선전전을 되돌아보기 시작했다.

---

15) 동독은 통일되기 전 1950년 2월 **국가안전부(일명 슈타지)**를 창설했다. Ministerium fur Staatassicherheit를 줄여 슈타지로 불린 이 첩보기관은 1989년 당시 베를린 본부와 15개지부 산하에 9만 여명의 공식 요원과 17만 여 명의 비공식 요원(협조자)를 둔 방대한 조직이었다. 동독 공산당인 사회주의통일당의 '창과 방패'로서, 동독의 체제 보전과 서독 내 정보수집, 친동독 여론 조성 등을 위해 다종다양한 공작을 벌였다. 대외 정보 수집 공작활동은 슈타지 산하 **해외공작총국(HVA)**이 총괄했다. 총책임자는 얼굴 없는 스파이로 불린 **마르쿠스 볼프**였다. 1986년 퇴임 시까지 34년간 해외공작총국을 이끌며 대 서독 공작활동을 펼쳤다. 대표적인 공작인 '미남계'다. 요원 중 미남을 선발하여 서독에 파견하여 서독 부처 내 여비서를 꼬셔 정보를 빼냈는데 기대이상의 엄청난 성공을 거두었다.

16) Douglas selvage & Christopher Nehring이 2019년 7월 22일 Wilson Center에 기고한 내용으로, 원제는 KGB and Stasi Disinformation regarding AIDS이다.

소련의 목표와 방법을 조금이라도 이해하려는 노력의 일환이었다. 냉전 동안 소련의 KGB는 그러한 허위선전 공작의 전위역할을 했다. 은밀한 심리전 형태로 띠기도 하고 "공세적인 조치(active measures)"를 취하기도 했다.

특히 주목을 끈 사례가 있다. KGB가 1980년대 중반에 자행한 AIDS 허위조작정보 선전 공작으로, 당시에는 상당히 성공한 공작으로 평가받았다. KGB는 에이즈 허위선전공작을 수행하면서 동구권 공산국가 정보기관들의 측면 지원에다 소련의 노보스티 언론사(USSR's Novosti Press Agency)의 도움을 많이 받았다. 이들의 지원에 힘입어 허위내용을 각국에 전파했다. 골자는 에이즈를 일으키는 HIV(human immunodeficiency virus)가 유전적으로 만들어지거나 혹은 미국 국방부가 생물무기 연구의 일환으로 메릴랜드주 포트 데트릭(Fort Detrick) 소재 미 육군의 감염병 연구소(USAMRIID)에서 지어낸 것이라는 내러티브였다.

에이즈 허위선전 공작에 대한 미국 주류미디어의 보도는 허위조작정보 공작이란 점을 정확하게 짚었고, 또 허위조작정보 공작을 대처하고 이해하는 측면에서도 적지 않은 교훈을 던져 준다. 그럼에도 몇몇 중요한 설명은 빠트리거나 잘못되었다. 한 예로 KGB가 불가리아 국가안보국에 전문을 보낸 것이 1985년 9월이었는데, 이는 에이즈 허위선전공작의 시발점을 밝혀주는 "스모킹 건(smoking gun)" 역할을 했다.

동독 정보기관 슈타지는 이 선전공작의 이름을 모든 언론과 인터넷에 회자되는 "infektion(감염)"이 아닌 덴버공작

(Operation "Denver")으로 불렸다. KGB와 슈타지는 허위선전 공작에 착수하면서 동독 생물학자 **제이콥 시걸**(Jakob segal)의 역할에 주목했다. 슈타지는 시걸 개인은 물론이고 관련 연구에 적지 않은 영향력을 행사했다.

미국을 비롯한 서방은 작금의 러시아의 허위조작정보 선전 공작에 대처하기 위해 과거 KGB 등이 자행했던 에이즈 공작을 상세히 포스팅함으로써 사실관계도 바로잡고 교훈도 찾으려 한다.

이를 통해 후대 역사가들이 러시아의 허위선전공작의 어제와 오늘을 비교해서 연구하는 기초자료도 제공하려 한다. 동구권 몰락 후 발견된 서류 중 두 개의 KGB 문서를 영어로 번역했다.

3개의 문서에서 몇 가지 키포인트를 분석하기에 앞서 바로잡아야 할 것이 있었다. 공산정권 시절 불가리아 국가안보국 파일에서 이 3개의 문서를 찾아냈다. 이 파일은 소피아에 있는 CDDAABCSSISBNA(the Committee for Disclosing the Documents and Announcing the Affiliation of Bulgarian Citizens to the State Security and the Intelligence Services of the Bulgarian National Army)의 문서보관소에 보관되어 있던 것이다.

◆ 스모킹 건(A "smoking Gun" : The KGB and AIDS Disinformation)

크리스토프 네링(Christopher Nehring)이 불가리아 문서보관소에서 찾아낸 문서는 "스모킹 건"으로 불릴 만큼 충격적인 것으로, KGB 공작 행위를 입증하는 최초의 문건인데, 모스크바 KGB가 1985년 9월경 '동지'인 불가리아 국가안보국에 보낸 텔레그램이다. 문건 내용은 다음과 같다.

"우리는 최근 미국에서 번지고 있는 새롭고도 위험스런 질병의 출현과 관련 있는 조치를 시리즈로 수행하고 있다. 이 질병은 AIDS인데 아프리카와 서구유럽을 중심으로 널리 퍼지고 있는 질병이다. 이 조치의 목표는 해외에서 소련에 우호적인 여론을 확산하는 것이다. 그 질병이 미국 비밀정보기관과 국방부가 새로운 형태의 생물무기를 은밀히 실험한 부작용으로 발생했다는 가설을 말한다."

그 텔레그램 내용에 KGB는 사실과 거짓을 교묘하게 뒤섞은 "상기와 같은 가설"을 전 세계에 확산하는데 불가리아 정보기관이 지원해줄 것을 요구했다. KGB는 일부 진실이 아닌 것을 교묘하게 조작했다. 다른 내용들은 유럽과 국제 언론기관들이 보도한 것에서 끄집어냈다.

KGB는 또 다음과 같이 덧붙였다.

"팩트는 이미 인도와 같은 개발도상국 언론들이 인용 보도하고 있다는 점과 미국 정보기관 · 국방부의 에이즈 간여 의혹과 미국 등 여러 나라에서 급속히 확산되고 있는 것을 검증하고 있다는 점이다. 이 같은 보도를 통해 판단하건데 에이즈 증상, 에이즈 걸린 비율, 지역 확산세 등에 관해 미군이 보여준 관심을 따라 가보면, 가장 그럴듯한 가정은 대단히 위험스런 이 질병은 새로운 형태의 생물무기를 생산하려는 펜타곤 내 어느 부서의 작품이라는 것이다."

KGB가 거론한, 인도 언론이 보도한 그 "팩트라는 것은" KGB 허위조작선전의 전위기관인 인도 신문 **애국(Patriot)**의 1면에 실린 편집자의 편지였다. 1983년 7월 17일 "에이즈, 인도를 침공하다: 미국 실험이 야기한 미스테리한 질병(AIDS May Invade India: Mystery Disease Caused by U.S. Experiments)"이라는 제목의 편지성 기사였다.

구체적인 이름 없이 "미국 과학자이자 병리학자"의 이름으로 작성된 이 편지는, 에이즈를 일으키는 병원균은 포트 데트릭(Fort Detrick)에 있는 펜타곤 실험실에서 개발해왔다는 내용이다. 미군은 인도의 이웃에 있는 파키스탄에서 유사한 실험을 한 의혹도 있어, 이로 인해 에이즈가 인도에 순식간에 퍼질 수 있다는 논조였다. 하지만 그 익명의 편지 작성자는 KGB였다.

◆ 덴버 공작 : 슈타지와 에이즈 허위선전[17](The Stasi and the AIDS Disinformation Campaign: Operation "Denver")

17) 원제는 The Stasi and the AIDS Disinformation Campaign: Operation "Denver"이다.

1년이 흐른 1986년 9월 초 동독 정보기관 슈타지는 불가리아 국가안보국에 이 공작을 같이하자고 채근했다. KGB는 나서지 않았다. 슈타지 내 해외공작총국(the Chief Directorate for Intelligence)내 행동을 실행하는 부서("X")에서 다음과 같은 내용으로 초안을 작성했다.

"생물무기의 연구와 생산, 그리고 이용으로 인해 인류가 위험에 처해있음을 노출시키고, 전 세계를 상대로 반미감정을 확산시키며, 미국 내 논란을 촉발시키기 위해 동독 측은 과학적 연구자료 등을 보낸다. 이 자료는 에이즈 발병근원이 아프리카가 아닌 미국이며, 에이즈는 미국 생물무기 연구의 결과물임을 나타내는 것이다."

슈타지의 **해외공작총국**(HVA/X)은 에이즈 허위선전공작의 코드네임이 Operation "Denver"임을 명확히 기술하고 있다. 이 공작명은 1986년 7월 17일 HVA의 중앙기록센터 파일에 등록되어 있다. 다만, 이는 전 HVA/X 요원 귄터 본자크(Gu"nter Bohnsack)의 주장과는 대비되는 대목이다.

자신의 부서는 동 공작에 직접 간여하지 않았고, 공작명도 "감염(Infektion)"이었으며, 그 단어는 불가리아 정보국이나 동독 슈타지 파일 어디에서든지 발견된다고 주장했다. 이는 논쟁할 가치가 있을 정도로 중요한데, 코드네임 **"Infektion"**은 에이즈 허위선전공작을 연상시켰으며, 특히 인터넷상에는 유전자가 복제하듯 복제되어 떠돌아다닌다.

2019년 10월 7일자 구글을 검색하면 "Infektion" "AIDS" "KGB" 단어가 86,700개나 검색된다. 그 이름은 타이틀이자 허위조작정보가 바이러스처럼 퍼지는 것을 의미하는 메타포를 확장하는 의미도 있어, 소련과 러시아의 허위조작정보를 파헤치는 다큐멘터리 영화에도 종종 인용된다. 하지만 작금의 허위조작선전과의 싸움에 있어 이러한 사사로운 것보다 팩트에 집중하는 것이 보다 중요하다.

사람들은 바이러스 메타포를 부정확한 코드네임인 "Infektion"을 반복하지 않고도 사용할 수 있기 때문이다. KGB는 1987년에 불가리아 정보국에 계속해서 텔레그램을 내려 보내면서, 슈타지가 이 선전공작에 가세하여 성공적으로 공작이 수행되고 있음을 주지시킨다.

◆ 에이즈 이슈

에이즈에 관한 허위선전 공작은 1985년부터 동독과 우호관계인 체코 정보기관들도 가세하면서 다각도로 진행되었다. 초기 임무는 에이즈 바이러스의 인위적인 출현과 펜타곤 관여설에 대한 버전을 매스미디어에 전파하는 일이었다. 공산권 정보기관들은 "우리가 힘을 합쳐 활동한 결과, 이 버전은 기대보다 상당히 널리 퍼졌다"고 흐뭇해했다.

제이콥 시걸, 에어케어 브로슈와 슈타지(Jakob Segal, the Harecare Brochure and Stasi)

상기에서 잠깐 언급했지만 동독 슈타지는 불가리아 친구들에게 에이즈가 미국의 생물무기 연구 결과물임을 증명하는 과학적 연구 자료를 보낸다. 그 연구가 의미한 것은 분명했다. 동독 과학자 제이콥 시걸(Jakob Segal)과 그의 부인이 밝혀낸 "에이즈, 그 성격과 근원 (AIDS: Its Nature and Origin)"이었다. 이 연구결과물은 1986년 8월과 9월 중에 열린 비동맹 정상회의에서도 배포되었으며, 브로슈어 타이틀은 "에이즈: 미국 본토에서 생산한 악이지 아프리카가 아님. (AIDS: USA home-made evil, NOT out of AFRICA)" 였다.

헤어케어 브로슈(Harecare Brochure)가 발행날짜와 장소가 명기되어 있지 않지만, 몇 가지를 유추해볼 수 있는 의미 있는 단서를 제공한다.

"1986년 짐바브웨 하라레(Harare)에서 열린 제8차 비동맹 정상회의에 맞춰 간행된 것임".

이 브로슈어는 지금 독일에 있는 스파이박물관에 전시되어 있다.

KGB는 불가리아 국가안보국에 보낸 1987년 텔레그램에서 시걸(Segal)의 간행물이 슈타지의 전폭적인 지원을 받은 체코 정보기관이 "일정 정도 기여한" "합동 공작"의 산물임을 강조했다. 시걸(Segal)의 글과 브로슈어는 굉장한 명성을 얻었고

”아프리카 국가들로부터 대단한 반향을 일으켰다“고 KGB는 기록했다. KGB나 슈타지 그 누구도 시걸(Segal)의 연구물에 대한 저작권을 주장하지 않았지만, 해외정보총국(HVA/X) 부국장 **볼프강 무츠**(Wolfgang Mutz)는 HVA가 그 자료 및 브로슈어 간행 · 배포에 주도적인 역할을 했음을 암시했다.

무츠(Mutz)는 1986년 불가리아 정보국 동지들에게 에이즈 허위선전공작에 HVA의 '공작부서'가 협력했다고 말했다. 우리도 추가적인 연구를 통해 이 증언이 맞다는 것을 확인했다. 무츠(Mutz)는 <과학기술 섹터>내의 제8부서 내 5처를 산하에 두고 에이즈에 관한 정보수집과 유전자 배양 등을 관장했다.

슈타지 파일을 보면, HVA/SWT가 하라레(Harare)에서 브로슈어로 만들어 배포하기에 앞서 그(Segal)의 연구에 관해 최소한의 충고를 했음을 보여준다. 시걸(Segal)이 이 충고를 받아들였는지는 명확하지 않다.

1986년 여름 제이콥(Jakob) 혹은 마누라인 릴리 시걸(Lilli Segal) 모두 판데어 잔트(van der Sand)가 **”contact person (정보기관의 접촉자 명단)“**에 등록하고 **”진단(Diagnosis)“**이라는 코드네임을 부여했다.

그렇지만 시걸(Segal)은 자신이 contact person으로 등재된 사실을 공식적으론 알지 못했다. 시걸(Segal) 부부가 에이즈에 관한 것을 준비했다는 정보와 이들 부부를 접촉한 사람들은 그들이 부여한 코드네임 파일에 입력되었다.

이는 HVA/SWT가 1985년 하반기에 이미 시걸(Segal)의 연구에 관해 KGB와 협조하고 있었음을 입증하는 것이다. 그 당시에는 "**바람(Wind)**"라고 등록했다. 무츠(Mutz)는 1986년 불가리아인에게 "HVA는 시걸(Segal)을 끌어들여 의혹이 있는 에이즈의 인위적인 발생근원에 관한 연구를 하도록 했다"고 주장했다. 그러나 시걸(Segal)은 1985년 여름 공개적으로 에이즈 연구는 자신의 주도로 실시했으며, KGB나 슈타지가 시켜서 한 것은 아니라고 부인했다.

불행히도 HVA 파일의 90%는 1989년과 90년 사이에 파괴되거나 사라졌다. "덴버"공작 뿐 아니라 시걸(Segal)부부 및 "Wind"와 관련된 판데어 잔트(van der Sand) 파일도 마찬가지였다. 이 때문에 1985년과 86년 사이에 HVA가 시걸(Segal)과 함께 작업한 내용을 상세히 알기 어렵게 된 것은 아쉽기 그지없다.

◆ 죽은 뒤에도 살아있는 것 : 소련과 러시아의 에이즈와 병원균에 관한 허위조작정보 (Life after Death: Soviet and Russian Disinformation regarding AIDS and Other Pathogens)

공산권이 붕괴되고 1992년 러시아 정보기관이 허위조작선전 공작을 펼친 KGB의 역할을 폭로한 이후에도 에이즈에 관한 KGB의 허위 주장은 계속해서 퍼져나갔다. 특히 인터넷이 심했다.

"포트 데트릭(Fort Detrick)"이란 용어는 인터넷 상에서 에이즈 음모론을 확산시킨 KGB의 영향력을 추적하는 **"tracer(추적자)"**를 지칭한다. 언급하는 것만으로도 KGB의 간접적인 영향력을 암시한다.

여타 음모이론은 미국 정부가 에이즈를 만들고 확산시키는데 막중한 역할을 했다는 내용인데, 1983년에 널리 퍼졌고, "Fort Detrick"을 인기 있는 장소로 둔갑시킨 공로는 에이즈에 대한 KGB의 허위선전공작 덕분이었다. "Fort Detrick"이 미국의 에이즈 생물무기 변종 가설로 인해 인기를 얻게 되었지만, KGB와 슈타지는 이 선전공작과 더불어 퍼진 에이즈 판데믹으로 인한 공공건강위기라는 비극적인 결과에 대해 일정 정도 책임을 져야한다.

니콜리 나트라스((Nicoli Nattras) 남아프리카 케이프 타운대학교 에이즈 연구원은 자신의 저서 <과학의 반격(Science Fights Back)>에서

"늘어나는 연구들은 잘 보여주고 있다. 미국과 아프리카에 퍼진 에이즈 음모론은 위험한 섹스와 연관되어 있으며, 항레트로바이러스 치료를 받지 않거나, HIV테스트를 받지 않은 때문이 아니다. 모든 행동은 HIV 감염율과 연관되어 있어 사망자수가 크게 늘어나는 것이다."

에이즈 허위선전과 연관된 위험들에 대한 이런 지식에도 불구하고, 러시아 선전매체들은 이 허위주장을 뒷받침하는 새로운 가설을 조작해서 이를 퍼트리는 것을 멈추지 않았다. 2018년

2월말 스푸트니크 뉴스의 프랑스판은 "Fort Detrick"에 관한 제이콥 시걸(Jakob Segal)의 가설을 인용 보도했다.

1992년 소련 붕괴 후 KGB의 후신 기관들이 에이즈 허위선전 공작을 공식적으로 이어받지 않는다고 공언했지만, 러시아는 이전에 했던 공작내용을 **"재활용(recycle)"**하고 있다. 단순히 과거의 것을 베끼는 차원을 넘어섰다. 2014년 아프리카에서 **에볼라**가 창궐할 당시 러시아 선전매체들은 새로운 음모이론에 에볼라를 집어넣고 미국이 에볼라를 권장했다는 날조된 주장을 폈다. 미국, 영국, 남아프리카 백인 정권이 에볼라를 생물무기로 전환시켜 흑인을 죽이려 했다는 것이다.

러시아 국내용인지는 몰라도 <애국(Patriot)>지의 1983년 기사도 러시아에서 리사이클 된 바 있다. 크레믈린이 막후에서 후원하는 다종다양한 러시아 선전매체들은 2018년에 미국 정부가 러시아 인근 국가인 조지아에 있는 리차드 루거 공공연구센터(Richard Lugar Center for Public Health Research)를 후원하여 생물무기를 테스트를 한 적이 있다고 보도했다.

그 센터는 미 국방부의 '위협감소기구'의 후원을 받아 바이러스와 박테리아 형태의 생물무기에 대한 안전 확보에 심혈을 기울이고 있는데, 과거 소련이 생물무기전쟁에 대비하여 기획한 여러 프로그램에 대응하기 위해서였다. 최근에는 다양한 병원체와 병원체 가두기에 관한 교육도 실시하고 있다.

결론적으로 크레믈린의 허위조작정보 선전공작 리사이클링을 추적하면서 이런 생각도 해보았다. 어느 날 러시아 신문에 이런 타이틀로 1면 톱에 올린다면?

'에볼라가 러시아를 침공하다: 조지아 미국 실험실에서 야기한 미스테리한 질병'

에니페이스 공작(Operation ANYFACE): 미군의 우크라이나 민족주의자 보호[18)]

스테판 반데라(Stepan Bandera)는 2차 대전 후 거의 15년 동안 우크라이나의 독립에 헌신했던 인물로, 소련의 송환요구를 미군 당국이 거부함으로써 살아남았다. 우크라이나는 1991년 동구권이 몰락하면서 독립을 성취했다.

2차 대전이 막바지에 치달을 무렵 독일과 수도 베를린은 동맹들의 공동 통치하에 있었다. 냉전이 아직 시작되기도 전에 벌써부터 전쟁동안 맺어진 동맹 간의 균열이 나타나기 시작했다. 독일에서 미 군정청은 소련과 협력하기를 원했던 반면 미군 정보기관은 중부 유럽을 노리는 소련 독재자 스탈린을 불신하고 서방을 상대로 스탈린의 적대적인 스탠스를 경고했다.

---

18) Thomas Boghardt가 2022년 4월 18일 Wilson Center에 기고한 내용으로, 원제는 How the US Army Shielded a Ukrainian Nationalist from Soviet Intelligence이다.

그러면서 미군 정보부서는 우크라이나 민족주의자 리더를 동부 유럽에서 빼돌리는(전향하는) 이슈에 관해서만큼 드러내놓고 동맹들을 배척했다.

1946년 6월 8일 미군의 방첩정보부대(CIC, Counter Intelligence Corps) 소속 특수 요원 로버트 리더 주니어와 스테판 로스턴(Robert R. Reeder, Jr와 Stephen C. Rostan)은 베를린 알렉산더광장(Alexanderplatz)에서 소련 정보요원 2명과 만났다. CIC는 미국의 배반자로 지명 수배된 **프레트 칼텐바흐(Fred Kaltenbach)**를 체포하는 데 소련의 지원을 끌어내려는 심산이었다. 2차 대전 동안 나치 독일의 선전가였던 칼텐바흐(Kaltenbach)가 소련 점령 지역으로 숨었다는 루머가 돌았기 때문이다.

이에 소련 측은 미군 관할 구역에 거주하는 **'러시아 배반자'**들의 명단을 미국인들에게 건네주며 맞교환을 제안했다. 명단 꼭대기에 있는 소련인 중 한명을 거론하면서 "칼텐바흐(Kaltenbach)가 미국에게 필요하듯이, 우리도 이 사람이 필요하다"고 단호하게 말했다. 이 당시 미국인들에게 알려지지 않았지만 칼텐바흐(Kaltenbach)는 소련 수용소에서 벌써 사망한 상태였다.

소련이 지목한 "이 사람(this man)"은 다름 아닌 반소비에트 성향을 가진 우크라이나 민족주의자인 스테판 반데라(Stepan Bandera)였다. 가끔 나치를 동정하기도 했던 반데라(Bandera)는 나치가 우크라이나를 점령하는 동안 독일군에 협력한 적도 있었다.

그러나 독일의 당초 기대와 달리 우크라이나 독립을 주창하자 나치는 그를 체포하였다가 1944년경 방면하게 된다.
반데라(Bandera)는 방면된 후 베를린에서 미국이 관할하고 있던 뮌헨(Munich)으로 옮겨가게 된다. 소련은 "동명은 발견하기가 쉬웠다. 완전히 합법적으로 생활했고 우크라이나인 누구나 그를 알아보았기 때문이다."

미국은 전쟁범죄 의심자의 범죄혐의에 대해 가중치를 매긴 점수표(score)를 소련에게 보냈는데, 반데라(Bandera)도 이에 포함되자 미국 CIC가 단호히 제동을 걸었다.

소련은 반복적으로 집요하게 동명의 추방을 요구했지만, CIC는 "그가 사는 곳을 모르겠다"는 이유로 무시했다. 그러면서 이 기만공작 코드네임을 **Operation ANYFACE**라고 명명했다. 소련은 원통하게 느꼈을지 모르지만, 동 공작은 순탄하게 진행되어 반데라(Bandera)는 비밀리에 우크라이나 해방을 위한 활동을 계속했다.

그러나 반데라의 전체주의적 세계관과 경쟁 그룹과의 폭력적인 충돌로 인해 미국 후원자들로부터 외면을 받고 소외되기 시작했다. 1950년대 말 극소수의 보디가드를 데리고 다니며 신원 감추기에 노력했지만, 소련 KGB의 감시망(long arm)에서 벗어나기에는 역부족이었다. 1959년 KGB가 전매특허처럼 사용하는 독극물 공격을 받고 자신이 살고 있던 뮌헨 아파트 인근에서 얼마 되지 않아 사망했다.

이러한 암살공작은 2년 후 서베를린 미국관할 구역으로 망명한 KGB 요원이 동명의 암살공작전모를 털어놓음으로써 백일하에 드러나게 되었다. 반데라(Bandera)는 누구로 부터는 애국자로, 또 다른 사람으로 부터는 파시스트로 비난받을 정도로 복잡한 정서를 갖고 있었다.

이러한 동명의 복잡한 인성에도 불구하고, 거의 15년 동안 전개한 우크라이나 독립을 위한 투쟁은 2차 대전 종전 후에 미군 정보기관이 동명에 대한 소련의 송환요구를 거부하는 동기가 되었다.

그의 유산과 우크라이나 민족주의는 미군 정보기관과 떼어 내야 뗄 수 없는 관계를 만들었고, 냉전 초기 독일에서 미국과 소련이 균열하게 된 시작점이기도 했다.

이 텍스트는 <U.S. Army Intelligence in Germany, 1944-1949(워싱턴 D.C. : U.S. Army Center of Military History, 2022)>에서 인용했다.

수평선 공작(Operation HORIZON)[19)]
: 리투아니아 KGB의 독일 침투

서방에서 간행된 KGB역사[20)]에 관한 이야기는 주로 해외정보국 제1총국(the First Chief Directorate)의 활동상에 관한 것이 상당수를 차지한다. 그러나 리투아니아 문서고에서 발견된 KGB 원자료를 보면, 방첩부서인 제2총국(the Second Chief Directorate)이 서방을 상대로 엄청난 첩보활동을 했음을 보여준다.

---

19) Filip Kovacevic가 2021년 6월 30일 Wilson Center에 기고한 내용으로, 원제는 A KGB Counterintelligence operation against the West이다.

20) 2019년 1월 미국 뉴욕 맨해튼 웨스트 14번가에 <KGB 스파이박물관>이 문을 열었다. 이곳엔 '죽음의 키스'를 비롯해 KGB가 사용했던 진품 3500여 점이 전시되어 있다. 심문용 철제의자, 왁스로 봉인된 KGB 서류 가방, 여성 스파이들이 적을 유혹하거나 제거에 사용했던 '립스틱 피스톨' 등이다. 이 박물관은 스파이용품 마니아인 리투아니아 출신 **줄리어스 우르바이티스**가 세웠다.

그런 엄청난 방첩 공작은 제2총국 지부 차원에서 기획하고 수행했는데, 대표적인 사례가 1967년과 1968년 사이에 벌인 **수평선 공작(Operation HORIZON)**이다.

'수평선 공작'은 최고 기밀문서 2건에 기반을 두고 있다. 리투아니아 사회주의 공화국 내 KGB 지부가 생산한 문서이다.

첫 번째 문서는 리투아니아 KGB 모든 지부끼리 수평선 공작을 놓고 소통한 것으로, 특별히 해외공작을 담당하는 제1총국과 방첩부서인 제2총국의 부국장(대령)인 코노플렌코(V. Konoplenko)가 1967년 4월 21일 서명했다. 두 번째 문서는 동 공작 실행 문서인데, 제2국 4과(독일과 관련한 방첩담당)에서 작성한 것으로 과장이었던 긴코(Ginko) 대령이 1968년 1월 8일 서명했다.

◆ 공작을 전후한 맥락

1967년은 소련과 KGB에게 매우 특별한 의미를 지닌 해였다. 1967년 11월은 소련이 10월 혁명 50주년을 기념한 해였는데, 그해 5월 KGB의 새로운 의장으로 **니키다 흐루쇼프**(Nilkita Khrushchev)가 임명되었다. 흐루쇼프의 한 때 보호자였다가 후에 흐루쇼프에 대들었던 블라디미르 세미차스트니(Vladimir Semichastny)는 브레즈네프 측근이었던 **유리 안드로포프**(Yuri Andropov)[21]에 의해 교체되었다.

21) 유리 블라디미로비치 안드로포프는 소비에트 연방의 6대 지도자, 정치인이

그 당시에는 아무도 몰랐지만 안드로포프는 소련 국가안보위원회(KGB)를 가장 오랫동안 장악한 인물이었으며, 말년을 치욕이나 죽음으로 끝내지 않은 드문 사람이었다.

안드로포프의 정책은 소련이나 소련 붕괴 후에도 러시아 사회생활 등에 지속적인 영향을 끼쳤다. 그 한 예가 푸틴이다.
푸틴은 안드로포프 재임 시 KGB에 들어갔다.

수평선 공작(Operation HORIZON)은 안드로포프가 임명되기 전에 기획되었지만, KGB를 중앙집권적인 조직으로 바꾸어 권능 강화와 동시에 세력을 확장하려한 안드로포프가 시행한 개혁의 일환으로 자행되었다.

◆ 관련 문서들(The Documents)

문서 #1은 수평선 공작의 일반적인 개요와 리투아니아 KGB가 해야 할 임무 그리고 각 지부가 담당해야할 구체적인 방첩업무를 기술하고 있다. 수평선 공작의 가장 주요한 목표는 방첩부서의 '전문화와 협조'로서, "전체주의 정보기관의 활동을 전복" 하려는 시도와 싸우는 것으로 삼았다. 수평선 공작은 코드네임을 'Operation 100'이라 불렀던 초기 공작을 확장한 것이다.

다. 그는 1914년 6월 15일 러시아 제국의 스타브로폴 고베르노라테에서 철도 공무원이었던 블라디미르 콘스탄티노비치 안드로포프의 아들로 태어났다. (출처 : 위키백과)

'Operation 100'은 리투아니아 KGB가 미국, 독일, 영국, 이스라엘 등의 정보원(정보요원과 협조자)에 대항하는 업무를 하려는 것이었다. 그렇지만 수평선 공작은 이에 더해 캐나다, 독일이나 스웨덴에서 온 선원, 프랑스와 벨기에 출신으로 소련 기업에서 일하는 전문가 등을 포섭하는 것으로 활동범위를 확장했다.

동시에 리투아니아 KGB 요원들에게는 해외에 있는 "정보조직/이념으로 뭉친 센터와 민족주의자 센터/ 반소비에트 이민자 조직과 기업, 기구(concrete intelligence, ideological and nationalist centers, anti-Soviet emigrant organizations, companies and institutions)"등에 침투하도록 지시했다. 이 문서에는 구체적인 침투 대상기관 리스트가 첨부되어 있다.

그 리스트에는 헬싱키 CIA 지국 · 프랑크푸르트 소재 CIA 출장소 · 서베를린에 있는 CIA 출장소 · Bad To"lz 주둔하고 있는 제10특수부대 · 헬싱키 SIS 지부, 뮌헨에 있는 독일 BND 본부 등이 나열되어 있다. 이런 정보 목표에 침투하기 위해 다양한 접근 방식과 채널을 이용했다. 그 채널에는 송환(리투아니아 독일인 재정착), 해외 거주 친척 방문, 여행 등과 같은 수법이 동원되었다.

문서 #1은 또 리투아니아 KGB 지부와 시 방첩담당 부서에게 구체적으로 할당한 방첩임무를 상세히 보여준다. 일례로 항구도시인 클라이페다(Klaipeda)에 소재한 KGB 방첩부서는 외국 선원을 협조자로 채용하는데 포커스를 맞추었고, 소련 어선업계로부터 받은 자료를 적극 활용했다.

문서의 진면목은 수평선 공작의 주요 목표 하나를 극명하게 조명해준다. 즉 소련 외곽에 위치한 이익단체들을 전문화시키고 그들을 치밀하고 심도 있게 목표로 삼을 것.

수평선 공작은 이전부터 해외 타깃을 대상으로 방첩활동을 적극 실행 중이던 국내 공작과 병행해서 진행했다. **GEM-2 공작**(Operation GEM-2)과 **무지개 공작**(Operation RAINBOW)이 그것이다. 첫 번째 공작은 소련을 넘나드는 편지 등을 가로채서 열어보는 것이었고, 두 번째 공작은 소련 내에 외국 정보요원 이나 협조자로 의심되는 인물들을 추적하는 임무였다.

문서 #1이 수평선 공작의 대강을 서술하고 있는데 비해, **문서 #2**는 현장에서 업무를 하는 데 필요한 것들을 상세히 나열하고 있다.

이것은 리투아니아 KGB 제4국이 독일을 상대로 첩보활동한 내역을 담은 1967년 정례보고서이다. 이 문서는 KGB의 수법을 생생히 드러내고 있어 흥미를 더한다.

문서 #2는 4 섹션으로 나눠져 있다.
1) 해외 첩보원과의 작업(The work with the agents abroad)
2) FRG(독일연방공화국)내에 정규 직원으로 자리 잡는 첩보원 훈련(The training of agents being placed in the FRG as permanent residents)

3) 적대국내 협조자 포섭을 담당하는 첩보원 훈련(The training of agents set up for recruitment of adversaries, 소위 협조자 부식 (so-called plants or dangles)
4) 외국인 배양(The ‘cultivation’ of foreign citizens)

Section1은 독일연방공화국(FRG)에서 활동한 7명의 정보요원(협조자)들의 코드네임을 기록하고 있다. RIMAS, LEONAS, SOSNYAK, DAINA, PATRAS, GELRENZHULAS, SVWETLANA 등으로 남성이 2명, 여성이 5명이다. 이들 7명은 1960년대 중반 FRG로 파견되어 영주권이나 시민권을 획득하여 독일을 거점으로 다른 서방국가와 정보기관을 상대로 스파이 활동을 하는 것이었다.

일일이 업데이트한 것을 보면 흥미로운 점이 많다. 정보요원들의 임무수행 방법, 누가 더 정보활동을 잘하는지 등을 서술하고 있다. 일례로 정보 요원 **리마스(RIMAS)**는 함부르크 소재 BND 사무실을 노련하게 침투하는 능력을 보여주자, 이를 ”두 곡선이 만나는 뾰족한 끝(cusp)“로 묘사했다. 반면 **레오나스(LEONAS)**는 가족 문제라는 수렁에 빠져 KGB를 위한 활동을 거의 하지 못했다고 부정적으로 기술하고 있다.

가장 전도유망한 정보원은 코드네임 **다이아나(DAINA)**로 불린 여성이었다. 송환된 리투아니아 독일인이었던 이 여성 요원은 뮌헨 소재 자유라디오 방송(Radio Liberity)에서 나름 자기만의 고유의 자리를 잡고 있었다. **뮌헨**은 KGB가 스스로 규정한 것처럼 ”사상적으로 변화(ideological diversions)“시키는 주요한 원천 중의 하나였다. 그러나 문서 #2를 보면 DAINA는 KGB의 스파이망에 완전히 들어가지 못한 상태여서 유용한 첩보를 제공하지 못했음을 알 수 있다.

또 하나 흥미로운 것은 부부 협조자인 **겔렌즈훌라스**(GELRENZHULAS)와 **스베틀라나**(SVWETLANA)인데, "소련 정보기관이 흥미 있어 하는 곳"에서 직업을 얻은 부부였다. 그렇지만 DAINA와 마찬가지로 본부에 가치 있는 정보를 보내지는 않았다. KGB 첩보원 조종관(핸들러)은 1968년 리투아니아로 친척을 만나러 오면 만남을 주선하는 역할을 했다.

섹션 2는 리투아니아 KGB 요원 6명이 어떻게 활동했는지에 관해 대략적인 정보를 제공해 준다. 이들은 독일연방공화국(FRG)에 파견되어 영주권을 획득하는 목표로 훈련받았다. 대부분은 인종적으로 게르만인이었으며, 송환방식으로 FRG에 들어가거나, 그곳에 거주하는 가까운 친척집에 합류했다. 코드네임 **알프레드(ALFRED)**로 불린 협조자는 FRG에 일찍이 파견되어 미 정보기관에 잠입 하는 역할을 하고 있었지만, ALFRED가 실제로 잠입에 성공했는지에 대해서는 설명이 없다.

이 섹션은 리투아니아 KGB의 시 지부와 지역 지부차원에서 새로운 협조자를 물색하기 위해 다각적인 노력을 했음을 보여준다. 리투아니아 KGB는 FRG내에서 협조자로 활용 가능한 인물 30명을 면밀히 "연구(studying)"했다.

이 모든 것을 보면 리투아니아 KGB 차원에서 협조자와 연관된 활동은 일정한 원칙하에 진행되었음을 알 수 있다.

즉, 각 단계마다 첩보원을 '배양(cultivation)'함에 있어 꾸준하고 끊임없는 사람의 순환이 있었다는 점이다.

섹션3은 허위 변절자 혹은 목표 내부에 협조자를 부식(plants)하는 과정을 상세히 서술하고 있다. **false defectors**(소련을 배신하는 것처럼 보이지만 실제로는 이중간첩으로 훈련받은 자)가 리투아니아 KGB 방첩부서 전체에서 대단히 의미 있는 역할을 했음을 시사한다. 이렇게 훈련받은 첩보원들은 FRG에 단기 방문형식으로 파견되었다.

한편 정확한 이름이 밝혀지지 않은 한 사람은 최고 기밀을 다루는 위치에 있었던 사람으로, 댄서 혹은 오페라 가수 신분으로 위장하여 FRG내에 근무하는 사람들을 자연스럽게 접촉했는데, 코드네임이 **발레리나(BALLERINA)**였다. 이외 운동선수와 코치 등도 있었다. 두 명 여성 요원도 있었는데, 코드네임이 **리사(LISA)**와 **에르나(ERNA)**였다.

두 여성 첩보원 중 LISA는 다름슈타트(Darmstadt), ERNA는 함부르크에 친척이 살고 있었다. 이들은 리투아니아 이민그룹 내에서 열성적으로 활동하면서 서방정보기관을 위해 정보활동을 한다는 인상을 주려고 적지 않은 시간을 투자했다. 일례로 ERNA는 KGB 조종관의 지시에 따라 은밀히 리투아니아의 클라이페다(Klaipeda) 항구를 방문하는 서독 선원과 접촉했다.

이 섹션의 경우, 리투아니아 KGB방첩부서는 협조자들이 적극적으로 FRG에 있는 친척들과 편지를 주고받도록 하고 이를 통해 서방정보기관의 흥미를 끌 수 있는 허위첩보를 흘렸다.

대표적인 것이 소련의 능력과 의도에 관한 것이었다.

문서의 마지막 섹션은 외국 시민들을 **'배양(cultivation)'**하는 문제를 다루고 있다. 4개의 케이스를 서술하고 있는데, 모두 FRG 시민으로 여성 2명과 남성 2명이었다. 케이스 중 하나는 1950년대 말 리투아니아에서 송환된 여성의 姓(last name)과 비슷한 여성을 언급한 경우이다. 1967년 그녀는 뮌헨에서 러시아어 전문번역가가 되었다. 가끔 소련 대표가 독일을 방문하면 독일 공무원들이 그녀를 임시로 고용했다.

리투아니아 KGB는 이를 그녀를 포섭할 수 있는 호기로 보고, 빌뉴우스(Vilnius) 방문 계획을 기화로 협조자로 포섭하기로 마음먹었다. 이를 위해 그녀가 만날 예정인 리투아니아 접촉자들의 신원정보를 사전에 분석하여 포섭에 활용했지만, 성공 여부는 그 문서에 기록하지 않고 있다. 이는 성공하지 못했음을 간접적으로 시사한다.

◆ 글을 마치며

이 두 개의 문서는 리투아니아 소재 KGB 방첩부서의 활동 상황에 대해 매혹적인 내부 관점을 제공해준다. 이 문서 모두 일반적인 접근방식과 현장에서의 실행방식을 서술한다. 또 PGU는 소련을 벗어난 곳에서 KGB가 공작을 하는데 주요한 플레이어였고, KGB 지역지부가 적극적으로 이런 공작에 관여했음을 보여준다.

그들은 자체적으로 첩보원망을 육성하여 서방의 정보목표를 상대로 첩보활동을 전개 했다.

이 기록은 특별히 보여주는 게 있다. 리투아니아 KGB가 독일 내에 매우 강력하면서도 치밀하게 육성된 첩보망을 가지고 있었고, 모스크바 본부가 첩보망을 더욱 넓히도록 적극적인 지시를 하달했음을 알려준다.

첩보원 포섭 노력과 이들이 제공한 비밀 첩보를 바탕으로 소련 정보기관 및 방첩기관이 서방의 정보망을 분쇄하거나 허위 정보 퍼트리기 등에 크게 공헌한 것은 부끄러운 기록이 아닐 수 없다. 22)

---

22) 이 편에서는 리투아니아 KGB가 독일 상층부를 상대로 스파이망을 구축한 사례를 다루었는데, 구소련이 붕괴되고 러시아 체제로 변화된 이후에도 변함없이 러시아 정보기관들은 독일을 제1 정보목표로 삼고 스파이망 구축에 진력하고 있다. 소련제국은 해체되었지만 러시아 정보기관은 눈이 시퍼렇게 살아남아 맹렬하게 활동 중이다. 유럽을 마치 자기네 안방 운동장처럼 갖고 놀았다. 독일 정보기관인 BND는 심지어 러시아를 상대로 한 방첩활동을 중단하기 까지 했다.

러시아가 유럽의 안일함을 파고 든 계기는 9.11 테러였다. 미국을 비롯한 서방이 정보활동의 중점을 테러리즘 격퇴에 두고 있는 점을 악용하고 외교관의 탈을 쓴 정보활동과 병행하여 비밀 첩보원을 암암리에 육성하여 유럽 주요 지역에 부식했다. 대표적인 사례가 **Maria Adela K**라는 여성 스파이다. 그녀의 이력은 '기만과 감추기'로 규정할 수 있는데, 러시아 군 정보기관인 GRU소속이었다. 페루시민권을 위조한 허위경력을 만들어 암병력도 속이고, 여성 사업가로 위장하여 이탈리아 나폴리에 침투했다. 그녀의 본명은 **올가 바실리예브나(Olga Vasilyevna K)**로 1982년 6월 러시아 남부 시골에서 태어났다.

독일은 이제야 정신 차리고 있다. 독일 정치인들은 지난 수십 년 간 러시아와 잘 지내야 한다는 환상을 가졌었는데, 우크라이나 전쟁을 계기로 '길고 긴 동면'에서 깨어나고 있다. 러시아의 책략이 "자유민주주의와 전 서방 사회에 대한 공격"이란 것을 뒤늦게 깨닫고 있다.

피에트 공작(operation 'Piet'): 네델란드의 미국 감청기술 빼내기[23]

이 글은 2차 대전 전후 네델란드가 미국의 감청주무 부서인 NSA(국가안보국)내에 협조자를 부식하여 NSA의 감청정보와 감청기술 등을 입수한 전모와 동맹국 간 정보협력에 미치는 영향을 기술한 내용이다.

2023년 4월 미국 메사추세츠주 방위군 소속 ***잭 테세이라*** *일병의 미 국방부 기밀 문건 유출을 계기로 미국이 동맹국인 한국과 이스라엘 등을 상대로 감청한 사실이 드러나 한동안 한국 윤석열 정부가 곤혹을 치뤘다. 국익을 위해서는 동맹국도 서슴없이 감청한다는 불문율은 고착화되어 왔음을 보여주는 사례이다. 그런 연유에서 이 글은* ***'국익 앞에 동맹국 감청도 불사한다'****는 내부적 규범이 오래 전부터 존재해왔음을 보여주는 실증적인 내용으로서 감청이 주요 첩보 수집 수단으로 정착한 21세기에도 적지 않은 교훈을 던져 주기에 읽어볼 가치가 충분하다.(역자 주)*

23) Cees Wiebes가 *Intelligence and National Security(* Vol. 23, No 4, August 2008)에 기고한 내용으로, 원제는 The Joseph Sidney Petersen Jr. Spy Case이다.

1954년 10월 9일, 버지니아 랭글리에 있는 CIA에서 얼마 떨어지지 않은 곳에서 FBI 요원들이 당시 40세였던 **조셉 시드니 피터슨**(Joseph Sidney Petersen)을 버지니아 앨링턴(Arlington) 지역에 있는 허름한 아프트에서 체포했다. 그는 NSA(국가안보국)에서 일하면서 1급 비밀인 암호코드가 담긴 서류 등을 빼내어 적대국에 넘겨주어 미국에 타격을 주는 한편 적대국 등을 이롭게 한 혐의였다. 프랑스도 수혜국가란 언급도 있었지만 정확하지 않은 것으로 밝혀졌다. 프랑스가 아니라 네델란드였다.

그의 체포는 미국과 네델란드와의 정보협력에도 상처를 주었다. 1950년대와 60년대 미국 정보기관들은 독일계통의 정보기관들을 믿을 수 없어 일정 거리를 두고 있었다. 미국 정보계는 피터슨 사건을 *Cause ce'le'bre* 로 다루었다. 1986년 이스라엘을 위해 간첩활동을 한 **조나단 제이 폴라드**(Jonathan Jay Pollard, 해군 정보부대 소속) 사건이 드러나기까지는 피터슨 사건이 미국 정보기관을 동맹국들이 이용한 대표적 사건으로 분류되었다.

◆ 발단 (The Beginnings)

NSA는 1952년 11월에 창설되었다. 통신첩보를 분석해서 50년 이상 백악관 등의 정책결정자들과 군 지휘부에 제공했다. 트루먼이 NSA를 창설하기로 마음먹기 오래전부터 <전쟁과 해군과(War and Navy Departments)> 내에 암호전문가들이 활동했고, 각종 전쟁 등에 중요한 역할을 했다. 2차 대전 동안 라디오 인터셉트 이용, 라디오 방향 탐지, 가공(processing) 능력 등은 미국과 그 동맹국들에게 유익한 이점을 가져다주었다.

1945년 이후 암호분석관은 단독으로 하기 보다 어느 한 기관이 중심이 되어 협력적으로 해야 효율이 높다는 것을 깨달았다. 그래서 1949년에 AFSA(the Armed Forces Security Agency)가 창설되었다. AFSA의 미션은 국방관련 조직 내에서 통신 정보 수집과 통신보안 업무를 수행하는 것이었다. 그렇지만 여러 이유로 AFSA는 그 미션을 제대로 수행하지 못해 다시 그림을 그려야 했다. 모든 군사적 비군사적 통신관련 업무가 NSA 산하에 들어오게 되었다.

NSA내에 **윌리엄 프리드먼**(William Friedman)이 중요한 역할을 했다. 리버뱅크 실험연구소에서 일하던 중 페이비안(Fabyan) 대령에 의해 1915년에 발탁 되어 연구업무를 맡게 되었다. 프리드먼은 1920년경 워싱턴으로 건너와 책임신호분석관(the Office of the Chief Signal Officer)로 일했다. 1922년 암호해독 부서의 책임자로 승진했다. 1929년 전쟁국 내에 새로 조직된 SIS(신호정보처 Signal Intelligence Service)의 책임자로 자리 잡았다. 1930년대 중반까지 암호관련 업무의 조직체계를 만들었으며, 2차 대전이 발발 한 뒤에는 ASA(the Army Security Agency)로 확대 개편한다.

SIS/ASA는 **'PURPLE(자주색)'**를 깨트리는 그룹이었는데, 이는 일본 외교부의 암호체계에 붙인 미국 코드네임이었다.

프리드먼 팀은 이 암호체계를 뚫는 임무를 맡았는데 2차 대전 중 가장 의미 있는 암호해독으로 간주되었다. 해군 암호전문가와 협업하면서 SICABA라는 당시로서는 가장 안전한 암호해독 기계도 개발했다.

◆ 암호학자 베르쿠이 대령의 경력(The career of Cryptologist colonel J.A Verkuijl)

2차 대전이 한창인 무렵 네델란드 연락장교이자 암호전문가인 **베르쿠이(J.A Verkuijl)** 대령이 프리드먼과 함께 일하게 된다. 그는 전 생애를 네델란드 서인도 제도(NEI, Netherlands East Indies)에서 보냈고, 1930년대 말까지 네델란드와 일본과의 무역협상에서 중요한 역할을 한 인물이다. 동명은 왕립 네델란드 서인도제도 군(Indies Army) 소속 장교였던 헨리 쿳(Henry Koot)으로부터 트레이닝을 받았다.

쿳(Koot) 역시 네델란드에서 가장 뛰어난 암호전문가로 손꼽혔다. 1차 대전 당시 독일과 영국, 러시아 등의 암호체계를 해독했으며, 1932년 11월 경에는 최초로 암호화된 일본의 외교전문을 풀어냈다. 최고 기밀이었던 기미츠(Kimitsu)와 타이헨 기미츠(Taihen Kimitzu)라는 일본 정부암호를 해독해내어 큰 주목을 받았다.

1934년에 네델란드 14연대장으로 부임한 뒤 그가 간여한 캐비넷 누아르(the cabinet noir)는 다양한 일본 암호체계를 뚫어 해독하는 큰 성공을 거두었다.

◆ 베르쿠이가 어떻게 엘링턴 홀에 갔지?(How did Verkuijl get to Arlington hall?)

베르쿠이(Verkuijl)는 일본 점령 전까지 NEI(서인도제도)에 남았다. 1942년 3월 7일 어느 날 동명은 식민지로 떠났다. 3월 13일 오스트리아와 호놀룰루를 거쳐 워싱턴에 3월 20일 도착했다. 미국 전쟁국의 조지 브렛(George H. Brett) 장군의 특별한 부름에 따른 것이었다. 브렛(Brett) 장군은 호주 공군기지 근무 당시 동명을 알게 되어 멜버른 등지에서 함께 시간을 보내기도 했다. 워싱턴에서 베르쿠이(Verkuijl)는 프리드먼으로부터 열렬한 환영을 받았다.

이 둘은 매우 친한 사이 임을 NSA도 확신했다. 엘링턴 홀(Arlington Hall)에서 퍼져 나온 루머는 베르쿠이와 그 동료들이 일본의 외교관 거주지를 한 밤 중에 침입하여 일본의 암호 시스템에 관한 많은 서류를 사진으로 찍었다는 내용이었다. 이 첩보가 미국인에게 전달되어 베르쿠이가 미국으로 오게 된 계기가 되었다. 워싱턴 주재 네델란드 군무관은 동명의 임명을 환영했다.

3월 20일 베르쿠이와 함께 엘링턴 홀을 방문하는 동안 암흑실(Black Chamber)에서 일하는 모습에서 큰 인상을 받았기 때문이다. 런던에 있는 네델란드 망명정부는 베르쿠이를 미국과의 '연락시그널 장교'로 임명하고 워싱턴에서 해야 할 네델란드 군의 미션을 두 번째 임무로 부여했다. 1942년 4월에 해럴드 헤이즈(Harold Hayes) 대령(ASA 책임자)과 맺은 양해각서를 근거로 베르쿠이가 엘링턴 홀에 근무하기로 약정한 것으로 보였다. 베르쿠이가 일본 통신망관련 부서에 근무했는지는 분명치 않으나, 그의 과거 행적으로 보아 근무한 것으로 대략 추정한다.

프리드먼은 베르쿠이 및 피터슨과 함께 일하는 것을 행복해했다. 프리드먼은 1914년 9월 30일 태어나 뉴올리언즈 소재 로욜라(Loyola) 대학에 진학하고 센트루이스 대학에서 과학 분야 석사학위를 받았다. 1938년이다. 정부관리가 되기 전에 뉴올리언즈에 있는 로욜라(Loyola) 대학과 우르슬라인(Ursuline) 대학에서 1938년부터 1941년까지 물리학을 가르쳤다.

피터슨은 1941년 경 미 국방부 통신분석 분석관으로 미 육군의 신호부대에서 근무했다. SIS을 위해 일본의 암호 체계를 연구하고 해독했다.

이 과정에서 베르쿠이와 절친이 되었다. 이 둘은 급속도로 친해져 한 방에서 지낼 정도였다. 서로의 아이디어를 교환하고 일본의 암호체계, 암호작성술에 대한 내용 등을 공유했다. 이것이 피터슨이 점점 더 베르쿠이에게 정보를 얻기 위해 다가가는 계기 뿐 아니라 오랜 관계의 단초가 되었다.

이들의 코드 네임은 **William** 혹은 **William the Silent**였다. 피터슨은 베르쿠이를 좋아했지만, SIS 요원들은 그렇게 좋은 인상을 갖지 않았다. 그 중 한 명이 웨인 바커(Wayne Barker)인데, 피터슨과 베르쿠이와 함께 일했다. 바커는 스페인 담당을 맡았다. 이 부서는 작았지만 언어전문가로 뭉쳐있었다. 바커는 스페인어에 능통했다. 부친은 파나마에 대령으로 근무했고, 그는 그곳에서 자랐다. 청소년기부터 암호분석가의 자질을 보였을 정도다.

베르쿠이는 자기 업무와도 관계없는 일이나 이익이 되는 쪽에 너무 깊숙이 관여했다. 그러나 바커는 베르쿠이를 '오만한 인간'으로 여겼다. 이유는 베르쿠이가 "나는 모든 것을 아는데 다른 사람들은 제대로 알지 못 한다"는 태도를 보인 때문이다. 프리드먼이 진짜 문제였다. 상사이면서 베르쿠이가 원하는 모든 것을 들어준 탓이다. 프리드먼은 베르쿠이와 매우 잘 지냈으며 상당히 지적이고 뛰어난 자질을 가진 인물로 평가했다.

하지만 바커가 보기에 베르쿠이가 생산해내는 보고서는 형편없는 것이었으며, 일본 암호체계를 뚫으려는 동맹국들의 노력에 별 보탬이 되지 못했다. 베르쿠이가 네델란드 최신 지식이라고 가져온 것들은 이미 엘링턴 홀에서 알려진 것들이었다.
물론 베르쿠이에 대해 다른 견해를 피력하는 사람도 있었다.

스페인과에서 바커와 일한 요원이 **케네스 라스킨**(Kenneth Raskin)이다. 바커가 모든 분야를 커버할 수 있을 정도로 그를 훈련시켰다. 후에 라스킨은 5명의 언어전문가들이 일하던 스페인과 책임자로 승진했다.

스페인과는 포르투갈어로 표기된 playfair 메시지를 해결하는 행운도 얻었는데, 이 메시지는 수학의 **이중 전치**(double transposition)[24]의 도움이 필요한 사안이었다.

그간 이중전치(double transposition)는 쉽게 해독하기 어려우면서도 상당히 실용적인 암호체계로 간주되어 왔다. 1934년에 이르러 그 암호체계의 비법은 풀리게 된다. 이 암호체계를 풀어낸 사람이 **피터슨**이다. 바커가 보낸 것이다. 그는 라스킨을 암호분석관으로 훈련 시켰으며, 이후 두 사람은 친구사이로 발전하고 여러 분야에서 피터슨과 많은 시간을 보내게 된다.

스페인과에서 일을 잘한 덕분에 라스킨과 함께 일하던 동료들은 요직인 일본과로 옮긴다. 이 때 라스킨은 한 주에도 여러 번 베르쿠이와 만나 점심을 하기도 했다. 피터슨은 중요한 인물과 함께 밥 먹는 것을 좋아했다. 대통령 선거에 여러 번 출마했던 **맥카시(**Gene McCarthy)도 그 중 한 사람이다. 라스킨은 일본과에서 일본 해군이 사용하는 2-4-6-8이라는 해군 암호체계를 해독하는 임무를 맡았다.

어느 날 피터슨이 라스킨 사무실로 들이닥쳐 "우리가 일본의 7-8-9-0 암호체계를 해독했다"고 흥분하듯 말했다. 이 암호체계를 해독함으로써 일본 해군의 태평양 지역 작전상황을 파악할 수 있었고, 일본 해군의 작전 내용이 거의 실시간으로 미 해군에 전달되었다.

24) 전치 암호는 기호의 위치를 바꾸는 것으로 **위치를 재정렬** 하는 것이다.

이 첩보는 1943년 4월 미드웨이 해전에서 일본 야마모토 장군이 이끄는 일본 전함을 대다수 파괴하여 2차 대전의 전황을 돌려놓은 획기적인 개가였다. 이 공으로 라스킨은 일본과 차석까지 승진했다.

라스킨이 잠깐 동안 엘링컨 홀에서 일하는 동안 베르쿠이는 독일과 일본에 대한 미국과 영국의 암호해독 능력을 알게 되었고, 중립국들도 그 이상이었다는 것도 자연스레 알게 되었다. 조만간 미국과 영국이 다른 동맹국들의 외교 트래픽(외교전문)을 공격할 것이란 것도 눈치 챘다.

이것이 **'Piet(Pete)' 공작**의 시발이었다. 베르쿠이는 피터슨을 통해 가급적 많은 정보를 열심히 모았다. 1943년 3월 네델란드 중앙암호국(Central Cryptographic Bureau) 설치를 위한 토의가 시작되었다. 베르쿠이가 제안한 것으로 네델란드의 암호체계 개선에 대응하는 임무를 맡을 예정이었다. 베르쿠이가 이 부서의 임무와 조직체계, 편제 및 근무인원 등을 설계했다.

14국 또는 코드네임으로 **CCB**(Code Coordination Bureau)로 불렸지만, 막상 문을 열고 보지 일할 만한 사람이 적어 개점휴업 상태에 빠졌다. 베르쿠이는 한동안 자신의 업무 범위를 좁혀 워싱턴 소재 네델란드 대사관의 암호해독실에 조언 하는 정도의 역할만 했다.

1943년 8월 베르쿠이 앞에 커튼이 쳐졌다. **클라크**(Carter W. Clarke) 대령이 지시한 것으로 엘링턴에서 사라지도록 한 것이다. 클라크는 군 정보기관 부책임자이면서 동시에 특별부서

책임자였다. 사실상 육군의 시긴트 정보 총수였으며 엘링턴의 실권자였다.

1943년 8월 워싱턴의 네델란드 국방 무관이 미 전쟁국의 레오나르드(F.N.Leonard) 중령으로부터 베르쿠이를 남서부태평양 지역에 있는 합참으로 전보시켜달라는 요청을 받았다. 네델란드 외무성은 즉각 베르쿠이의 가치를 깨달았다. 그리고 "적어도 몇 달 동안이라도 임무를 계속해야 한다"고 조언했다. 그의 업무가 정확히 무엇인지는 알려지지 않았지만, 미국 암호 능력에 대해 가급적 많은 정보를 수집하려 했던 것으로 본다.

1943년 10월 21일 네델란드 대사 **라우돈**(A. Loudon)은 미국 전쟁국의 G2로부터 "베르쿠이가 엘링턴 홀에서 자신이 보는 것 모두를 보고 있다"는 얘기를 듣게 된다. 그 네델란드인은 베르쿠이를 호주로 전보시켜 줄 것을 요구했다. 그곳에서 네델란드 정부를 대신하는 일을 맡기겠다는 논거로. 남서부태평양 지역 합참으로의 전보에 대한 얘기는 더 이상 일언반구 언급하지 않았다.

라우돈(Loudon)은 전쟁국에서 베르쿠이가 엘링턴에서 사라지기 바라는 것 같은 인상을 받았다. 며칠 후 네델란드 외교관은 프리드먼이 G2 파트에서 베르쿠이 전보 건을 일방적으로 제안한데 대해 불쾌감을 갖고 있음을 눈치 챘다. G2 파트와 프리드먼과 균열이 있었다. 한편 네델란드 대사관은 프리드먼이 왜 베르쿠이의 전보 건에 대해 단호하게 반대하지 않았는지 이해가 되지 않았다. 베르쿠이 자신은 몇 주 동안 더 이상 어떤 움직임도 보이지 말라는 충고를 받았다.

그러나 그 메시지는 분명했고, 베르쿠이는 다른 임무를 맡은 뒤 1943년 12월 런던에 도착했다. 총리에게 보낸 장문의 편지에서 "헤이글린 코드(Hagelin code) 머신을 휴대하고 해방된 네델란드로 가기에는 너무 위험하다"고 지적했다.
그 머신이 적의 수중에 들어가거나 동맹국들도 그 암호를 해독할 우려가 있다는 내용도 담았다.

베르쿠이는 엘링턴에서 많은 외교와 군사전문을 **헤이글린 (Hagelin)**을 통해 주고 받은 까닭에 동맹국이나 독일에서 조차 해독하는데 큰 어려움이 없다는 것을 알았다. 그의 편지는 런던에서 보내오는 암호화된 네델란드의 전통문이 허수룩하다는 반증이기도 했다. 이는 내부 사람들끼리 심각한 언쟁(row)을 일으켰다. 베르쿠이는 도와주는 친구도 거의 없어 다시 움직여야만 했다. 1944년 3월 베르쿠이는 네델란드와 호주 정부 간에 주고받는 통신체계를 개선하라는 미션을 받고 호주로 건너간다. 그의 활동은 그리 성공적이지 못했다. 엘링턴에 있는 그의 전임자는 재빨리 네델란드의 전통문을 해독했다. 그 전통문은 베르쿠이가 호주에서 네델란드 망명정부가 있는 런던으로 보낸 것이었다.

◆ 계획의 변경(Change of Plans)

그동안 피터슨과 정보협조관계는 어떻게 되었는가?
베르쿠이가 자신의 전보사실을 알게 되자마자 이제 더 이상 암호에 제동 거는 사람(brakers)역할을 할 수 없음을 깨달았다.

이렇게 되면 자연스럽게 피터슨과의 접촉도 흐지부지될 것을 걱정했다. 베르쿠이는 직감적으로 예방조치를 취했다. 전보지로 출발하기 전에 1942년 5월부터 네델란드 대사관의 암호반 책임자인 **히아코모 콘스탄틴 스타위트**(Giacomo Constantin Stuyt)를 피터슨에게 소개했다. 피터슨은 새로운 공작관으로 자리 잡았다. 스타위트(Stuyt)는 1942년경 워싱턴으로 부임하여 엘링턴에서 무슨 일이 벌어지고 있는지를 재빨리 눈치 챘다.

스타위트는 베르쿠이의 경험 등 1급 기밀이 담긴 장문의 보고서를 작성하여 본국 정부에 발송한다. 전쟁이 끝나면 암호분석 등 시긴트만 전문적으로 취급하는 조직(Bureau Verkuijl)을 창설을 주문했다. 엘링턴에서 베르쿠이는 적대국 등의 암호체계를 깨거나 해독하는 최신 기술을 배우는 행운을 얻게 된다.

이는 네델란드에 많은 연구를 할 시간적 여유를 벌어주었다. 베르쿠이는 자신이 미국의 거대한 정보흐름을 좌우할 위치에 있지 않다고 말했지만, 워싱턴에 있는 4명의 네델란드 해군 소속 암호전문가들을 지원해줄 것을 요청받았다. 그들은 미국이나 영국이 네델란드의 외교 및 군사 전통문에 침투하지 못하도록 하는 임무를 맡고 있었다.

스타위트는 영국이 네델란드 해군의 외교행낭을 열어 본 사실을 실증적 예시 사례로 보여주었다. 그 행랑에는 해군 **헤이글린**(Navy Hagelin)의 암호장비를 열 수 있는 키도 있었다. 영국 정보기관이 이 파우치를 뒤지고 분석한 것은 의심의 여지가 없었다.

그럼에도 망명정부는 이 네 사람에게 더 이상 파우치를 보내지 않기로 결정했다. 스타위트는 독득한 기회를 잃어버렸다고 불평하면서 베르쿠이를 호주로 전보시킨 것을 후회했다.

스타위트는 미국 · 영국 · 소련이 각국의 외교와 군사전문을 해독하기 위한 기술 개발에 막대한 돈을 투자하고 있는 것을 알았다. 적대국은 물론이고 중립국이나 동맹국까지지도 암호를 해독하려는 목적이었다. 미국 루스벨트 대통령은 매일 아침 특별 정보보고를 받았다. 통신감청이나 전통문 및 편지 등의 암호를 해독한 내용 중 에센스만 모은 보고서였다. 동맹국이나 중립국에 대한 백악관의 정책은 상당부분 이 감청한 내용에 기반을 두었다. 스타위트는 베르쿠이가 강제로 전보된 것을 알게 되었다.

미국 정보에 따르면 베르쿠이는 '너무 많이(too much)' 보지 말아야 할 것을 본 것이다. 베르쿠이는 동맹국의 전통문을 해독하는 부서에서 일하면서 자신을 '가장 중요한 동맹국 중 하나'인 국가의 외교 군사 전문 기밀을 해독하는 사람으로 각인했다. 스타위트는 '영국이 고상한 집단이어서 이런 추잡스런 일을 하지 않을 것"이란 신화를 단호히 거부했다. 베르쿠이를 통해서 미국과 영국이 합작해서 적대국 등의 암호해독에 열을 올리고 있음을 알았다.

어느 부분에서는 영국의 암호해독 능력이 미국보다 뛰어난 것도 알았다. 당시에는 커뮤니케이션 트래픽이 깨지지 않았어도 외교 행랑은 개봉되었고, 외교관들이 주고받은 편지도 중간에 인터셉트되고 대사관을 중심으로 오가는 대화도 감청되는 시대였다. 스파이들이 대사관에 부식되었고, 영사 등은 뇌물을 받았다. 그 대표적인 사례가 **타일러 켄트 케이스(Tyler Kent case)**이다.

이 방법은 외국의 암호체계를 뚫고 들어가는 일보다 상대적으로 쉬운 편이었다. FBI, OSS(CIA 전신) 등은 **burglary team (절도팀)**을 구성, 워싱턴에 소재한 대사관 등에 침투하여 외교전문, 암호해독책, 다른 기밀 서류 등을 사진으로 찍는 공작을 비밀리에 벌였다. 스타위트(Stuyt)는, 정보수집에는 전후방이 따로 없는 '전면전'이라고 말하곤 하면서 네델란드 외교관들 사이에 떠도는 견해를 받아들이지 않았다.
"여기에는 그런 일이 없을 거야(it can't happen here)".

다른 나라 대사관 등을 상대로 공작을 한다는 것을 추호도 의심하지 않았다. 네델란드의 해외 주재 대사관에는 이런 일을 막을 볼트가 없었다. 오타와 소재 네델란드 대사관을 예로 들었다. 캐나다에 망명해있던 왕자와 나중에 여왕이 된 줄리아나(Juliana)와의 연락 내용을 어떻게 다루었는지에 대해 설명했는데도 소귀에 경 읽기였다. 대사관에는 한 쪽 빈방에 1급 기밀인 통신선이 깔려 있다. 그곳에서 대사관 직원들은 전화 통화도 하고 전통문도 주고받는다. 국무성 관리들은 반복적으로 네델란드 외교관에게 경고했다. 전화를 사용할 때는 사주경계를 하는 등 조심하라고.

스타위트의 경고는 1945년 2월초 워싱턴 소재 네델란드 대사관에 신원이 불명확한 침투조가 침입해서야 확인되었다. 외형상 보기에 털린 것은 아무 것도 없었지만 네델란드의 가장 중요한 암호체계가 뚫렸다는 암시이기도 했다. 1945년 2월 국방장관은 외교장관에게 네델란드의 가장 중요한 암호체계가 뚫렸다고 넌지시 말했다.

스타위트는 유엔 창설 과정과 국제협상을 지켜보며 네델란드 대표가 보내는 최고 비밀 지시문 등에 미국과 영국이 접근할까봐 특히 우려했다. 그래서 이를 사전 차단하기 위해 국가적 차원의 시긴트 조직을 창설하여 종전되면 곧바로 안전성이 보장된 통신수단을 개발해야 한다고 탄원했다. 미국이나 영국이 들여다 볼 수 없는 체계를 개발해야 한다는 점을 특히 강조했다.

덧붙여 대사관과 영사관의 보안을 강화하고 외교전문의 암호체계를 보강할 것을 제언했다. 베르쿠이의 경험은, '자국의 외교전문 등을 훔쳐보려는 강대국들의 행동을 저지할 능력이 일부 국가에게도 있음'을 보여주었다. 1945년 초 유사한 제안이 네델란드 국방장관에게 접수된다. 다른 국가들이 대부분의 네델란드 외교 국방전문을 읽어보고 있다는 내용이었다.

중앙암호국을 설치해야 한다고 강력히 제언했다. 이 경고는 어느 외국 정부나 암호분석 능력을 언급하지는 않았지만 미국과 영국, 소련을 겨냥한 경고란 것은 의심의 여지가 없었다.

그 충고는 귀머거리가 되지 않았다. 베르쿠이는 1945년 중앙암호국(CCB)의 총책이 되었다. 통신보안과 외국 정부의 암호를 공격하는 일을 맡았다. 1945년 중반 베르쿠이는 네델란드로 귀국했고 1946년 11월 특별 미션을 부여받고 NEI로 간다. 네델란드 군을 상대로 독립을 추구하고 있던 인도네시아 민족주의자들을 상대로 한 암호해독 능력을 개선하라는 미션이었다. 베르쿠이는 인도네시아 민족주의자들이 네델란드의 암호체계에 접근할 것을 염려했다. 네델란드는 인도네시아 민족주의자들의 통신체계를 성공적으로 감청하고 해독하고 있었다. 심지어 유엔 주재 인도네시아 대표단에게 보낸 전문도 해독했다.

1947년 1월 베르쿠이는 다시 헤이그로 돌아왔다. 중앙암호국(CCB) 국장직과 네델란드 **해군 정보국(Marid VI)** 산하에 있는 Comint(Commmunication intelligence)의 책임자를 겸임했다. Marid VI는 인터셉트(중간 가로채기) 능력도 갖추지 못한 채 암호분석 부서 역할을 했다.

네델란드 해군정보국 Marid VI의 인터셉트는 PTT(Royal Dutch Mail)가 보내주는, '안전한 손(by safe hand)'이 획득한 트래픽 코드였다. Marid VI는 점차 외국 트래픽으로 업무영역을 확장해갔다. 50명 정도 밖에 안 되는 작은 조직이었지만 암호분석관은 15명 정도 되었다. 감청업무가 해군의 소관이 된 데는 3가지 이유가 있었다. 1) 국방예산을 편성하면서 감청과 관련한 예산을 이 속에 숨기기 용이했다. 2) 해군은 Marid VI의 우산 역할을 했다. 3) 해군은 여러 분야의 통신 첩보 전문가들이 포진해 있었다.

미국과 네델란드 간의 공식적인 시긴트 교환협정이 베르쿠이가 떠남으로써 외형상 만료되긴 했지만 내적으론 비밀리에 유지되었다.

피터슨은 계속해서 베르쿠이에게 온갖 플랜, 매뉴얼, 암호 분석과 관련된 첩보 등을 보냈다. 명분은 네덜란드의 시긴트 조직을 창설하는 친구 베르쿠이에게 도움이 되라는 뜻이었다. 그는 또한 1급 메모란다와 서류 등을 네덜란드 대사관에서 활동하는 스타위트에게 보냈다. 1947년 스타위트는 네덜란드로 귀국한다. 이후 새로 부임한 공작관 - 대사관의 통신부서 담당 **안드러 엘사커르스(Andre Elsakkers)**가 무언가 이상한 것을 발견한다.

피터슨은 그에게 네덜란드의 외교 군사암호와 암호해독 체계 등에 관한 미국의 성공적인 암호해독 능력에 관한 메모란다를 보낸다. 심지어 프리드먼이 1939년 작성한 헤이글린 암호분석(Analysis of the Hagelin Cryptograph) **Type B-211**도 보냈는데, 암호기계의 상업적 버전을 풀 수 있는 상세한 방법도 담겨있었다. 나아가 B-211을 성공적으로 공격한 내용이 담긴 기밀 서류도 전달했다. 당시 B-211은 첨단 모델로서 네덜란드 정부와 외교부에서 1급 비밀 전문을 보낼 때 사용한 기종이었다. 피터슨이 보내준 서류는 외교행낭 속에 넣어 헤이그로 보내졌다.

그럼에도 네덜란드는 여기에 만족하지 않고 더 많은 정보를 요구했다. 왜 그랬을까?

1948년경 네덜란드는 미국이 거절했음에도 미국 엘링턴과 공식 협조관계를 맺기를 갈망하고 있었다. 베르쿠이가 암호해독건에 대해 공식적인 정보교환을 제의했지만 이마저도 거절당하게 된다.

그러다보니 네델란드는 피터슨에게 빈번히 특정 국가의 암호해독과 관련한 기밀자료를 보내라고 요구한다. 특정 타깃은 벨기에, 영국, 프랑스, 독일, 인도네시아, 이탈리아 등이었다.

당시 유럽 국가들은 **브뤼셀 협정**을 맺게 되는데 이는 나중에 북대서양 조약기구로 발전한다. 흥미로운 것은 소련의 암호와 해독체계에 대해서는 별 관심이 없었다는 점이다. 정말 이상한 일인데, 이는 피터슨의 특별한 위상 때문이었다. 피터슨은 1951년까지 소련담당 부서에서 일했으며, 체포될 당시에는 NSA의 연구개발부서 소속으로 있었다.

사람들은 의문을 가졌다. 피터슨이 어떻게 유럽 국가들과 인도네시아에 관한 그 많은 자료를 네델란드 공작관에게 건네줄 수 있었는 지이다. 이는 피터슨이 관련 정보를 수집하기 위해 NSA내에 다른 협조자를 심었음을 암시한다. 피터슨은 자리를 잘 잡아 기밀자료들을 은밀히 보냈지만 나중에 의심받게 된다. 그래서 다른 도시로 전보 가는 형식으로 엘링턴을 떠나고자 했다. 그러면서도 베르쿠이 조직이 해독하는 트래픽이 정확히 무엇인지에 대한 요약본을 요구했다. 문제가 무엇인지, 도울 방법이 있는지 등을 알 수 있었기 때문이다.

그는 이미 베르쿠이에게 미국이 동맹국들의 암호체계를 해독한 결과를 토대로 만든 보고서를 보내고 있었다. 상당한 수준의 비밀 정보였다. 피터슨은 엘링턴에 남아 친구인 베르쿠이를 돕기로 했다. 정보유출 량은 늘어났다. 1948년 8월 엘사커르스에게 쓴 편지를 보면, 베르쿠이는 그 전부터 P-83 P-84 선적에 관해 말했고, 9월에는 그 숫자가 P-88이나 됨을 알 수 있다.

네덜란드의 암호분석 능력은 나날이 성장하되 피터슨에게로 가는 유출정보의 흐름이 막힐 것을 꿈에도 상상하지 않았다. 베르쿠이는 네덜란드 암호분석 정보기관을 위해 외교파우치를 이용, 앞으로 연구하고 분석할 서류를 피터슨에게 보냈다. 그 서류에는 미국이 고안해낸 해결책도 포함되어 있었다.

◆ 피터슨과 1950년대(Petersen and The 1950s): 네덜란드의 프랑스 통신내역 감청 갈망

1950년대 이르러 피터슨은 NSA의 러시아 부서 차원을 넘어 네덜란드 정보기관의 에이전트로 자리 잡아 관여하는 업무 폭이 점점 넓어져 갔다. 베르쿠이와 친구로서 편지나 자료를 교환하는 차원을 넘어섰다. Marid VI 암호분석 부책임자인 **앤톤 버나드 슈마허**(Anton Bernhard Schumacher)는 인도네시아 반둥에서 암호전문가로 일하면서 일본 측 암호체계 분석업무를 담당했다.

베르쿠이는 여전히 피터슨을 정보원으로 조종하면서도 자신의 출발에 관한 어떤 정보도 주지 않았다. 1950년 여름 외무성의 사무총장과 의논한 끝에 당시 외무성 사무총장 특별보좌역이었던 스타위트(Stuyt)를 워싱턴에 보내 피터슨과 논의하는 임무였다. 스타위트와 피터슨은 여러 차례 만남을 가졌다.

스타위트는 네덜란드 관리를 앨링턴에 보내 전자설비가 무엇에 사용되는지를 알아내려 했다. 공식적 수준에서의 '합동공작'임을 표방했다. 피터슨은 네델란드의 암호분석 능력과 관련한 모든 보고서를 받고자 했다. 이는 프랑스와 이탈리아에 대한 암호코드와 암호해독기에 관한 정보의 교환이기도 했다.

네델란드는 프랑스의 의도에 관해 더 많은 정보를 갈망했다. 서구 유럽국가들은 전통적으로 프랑스의 국가안보정책에 대한 불신이 컸기 때문에 오래 전부터 파리와 헤이그 소재 프랑스 대사관이 주고받는 전문을 중간에서 가로채려는 시도가 많았다. 이 전문을 해독하고자 여러 명이 하루 종일 찰거머리처럼 달라붙었다.

어떤 출처를 보면 20여년 이상 이런 일을 해왔음을 보여준다. 외교전문은 해독하기 그리 어렵지 않았다. 프랑스 대사관은 같은 코드를 상당히 오랜 기간을 사용한 때문이다.

스타워트는 피터슨에게 공개했다. 독일, 프랑스, 벨기에, 영국, 노르웨이, 이탈리아, 인도네시아가 네델란드 정보국이 목표로 하는 가장 중요한 7개국이라고.

네델란드의 관심사는 유럽 내에서 경제협력에 관한 협상 시 상대방의 의도와 전략을 읽는 일이었다. 노르웨이도 중요했다. 양국이 협력해서 핵 활동에 필요한 중수(heavy water)를 생산하고 있었기 때문이다. Marid VI는 1950년 11월 네델란드를 방문하고 돌아온 후 스타워트의 비밀미션이 성공한 것으로 보았다. 피터슨은 베르쿠이가 Marid VI 책임자 자리를 떠나기 전까지 계속 지원해주었다.

그런데 스타위트가 피터슨을 만나러 가는 과정에서 중대한 사건이 발생했다. 베르쿠이는 피터슨에게 편지를 보내, Marid VI로부터 출발하는 장면을 스케치하고 피터슨에게 특정한 정보를 보내주도록 요구했지만 모든 교환이 만사휴의가 된 것이다. 몇 주가 지난 뒤 또 다른 편지가 당도했는데, 베르쿠이와 그가 해고되었다는 청천벽력과도 같은 소식이었다. 분명히 엘사커르스가 두 통의 편지를 인터셉트함으로써 미국인 손에는 들어가지 않았다.

그때부터 스타위트와 엘사커르스는 피터슨과 베르쿠이가 만나지 못하도록 사보타지 하고자 했다. 네델란드 대령에 대해 추잡하게 묘사 한 것을 주면서 피터슨이 베르쿠이와의 만남을 끝내도록 하는데 성공했다. 아마도 누군가는 베르쿠이와 피터슨과의 관계가 진정한 우정에 기반을 둔 것이라고 주장할지 모른다.

그러나 베르쿠이가 무대에서 사라진 뒤 피터슨이 네델란드의 에이전트가 되었다. 피터슨은 끊임없이 기밀자료를 보냈으며, 이에 힘입어 네델란드 통신첩보의 능력은 눈에 띄게 향상되었다.

네델란드 정보공조위원회 사무총장 폭(C.L.W. Fock)은 소위 **녹색집**(Green Edition)이란 제목으로 총리와 유관기관에 2주에 한 번씩 감청방법으로 입수한 내용을 보고했다. 간혹 40p를 넘기기도 한 녹색집(Green Edition)은 헤이그 주재 대사관들로부터 가로 채기 화룡점정과 같은 알찬 통신첩보였다.

나중에 표적 국가를 8개국으로 줄이고 암호해독 보고서도 일일 보고체제로 바꾸었다.

1950년대 말 Marid VI는 피터슨의 도움 덕분에 외교전문은 물론이고 정치 · 경제 · 군사와 관련한 통신첩보를 분석하는 부서로 확대 개편되었다. 신분가장 이름이 **'Slim'**인 슈마허(Schumacher)는 피터슨을 데려와 네델란드의 암호해독 능력을 더 키우고자 노력하는 한편 캐나다 오타와에서 열린 NATO 콘퍼런스에 참석할 정도로 신분이 노출되는 것에 개의치 않고 자신만의 임무를 수행했다.

한편 피터슨은 Marid VI를 위해 계속 일해 줄 것을 요청받은 가운데 네델란드 외교전문은 자주 오픈된다고 역설하여 그 시스템을 변경하는데 일조했다. 외교장관은 보안이 확실하다고 여겼던 이중 전치암호(transposition cipher)를 사용했으나, 그 시스템은 적수가 되지 못했다('no real match'). 불과 몇 주 만에 미국은 네델란드 외교 전문 암호체계를 뚫었다.

1951년 피터슨은 연구부서로 전보되어 UNIT 20 A7 부서에서 근무하게 되었다. 그 부서는 NSA의 기획 및 감청 기술 개발 등을 담당하는 곳이었다. 여기서 모든 중요한 암호 코드와 암호해독기에 접근할 수 있는 기회를 얻었다. 소련, 중국, 에니그마, 자주색(Purple) 등.

피터슨은 1952년부터 체포된 1954년까지 NSA의 간부직위에 눌러 있으면서 최고 1급 비밀을 네델란드 공작관에게 건네주는 아주 기가 막힌 위치에 있었다.

한편 피터슨은 소련에 대해 원래 관심이 없었지만 베르쿠이가 Marid VI로 떠난 뒤 태도가 변했다. 그때부터 피터슨은 미국의 소련 외교전문 공격 수단 기법에 관해 점점 더 많은 정보를 요구받게 된다.

◆ 아인호벤 대령과 소련 통신망 가로채기(Colonel Einthoven and the Soviet Intercepts)

1951년 네델란드 외교관이 피터슨을 접촉한 회수가 10여 차례나 되었다.1952년 22번, 1953년에는 5번이었다. 네델란드 대사관은 만찬과 점심 혹은 음주비용으로 총 538.50 Dutch guilders를 지출했다. 이러한 와중에서 피터슨과의 관계에 심대한 영향을 준 기이한 사건이 1951년에 발생한다. 1950년 12월 14일 BVD(국가안보원 National Security Service)[25] 책임자인 **루이스 아인호벤**(Louis Einthoven) 대령이 스패나자르(Spanjaard)를 방문했다.

---

25) Binnenlandse Veiligheidsdienst (BVD)
(National Intelligence and Security Agency)
BVD의 역사는 2차 대전이 시작되자마자 시작된다. 1945년에 BNV(Bureau for National Security)라는 이름으로 출발하여 네델란드에 남아있는 독일 스파이망을 정리하는 일을 맡았다. 1949년에 BVD로 명칭을 변경한 뒤 동구유럽 국가들의 첩보활동과 네델란드 내에서 활동하는 공산주의자들을 정보활동의 목표로 삼았다. 1970년대 들어 테러가 유럽에서 대두되기 시작하자 이 임무를 추가했으며, 90년대 들어 마약, 불법무기 밀매 등과 같은 국제범죄도 업무 범위에 추가했다.(출처 : 구글)

그는 헤이그 주재 체코 대표부가 사용한 암호책을 갖고 있었다. 1948년 3월 체코에 공산정권이 들어서자 BVD는 체코 외교관을 1등 서기관으로 포섭했지만 이 외교관이 헤이그로 망명하자 그의 조수였던 스트르나트(A. Strnad)가 그가 맡은 임무를 수행했다. 그자 역시 체코 정보기관 요원으로 특채된다. 이 사안이 의미하는 것은 체코 대사관의 모든 금고(vaults)는 체코 정보기관의 수중에 있어 암호책까지 BVD 손에 들어가 있음을 의미했다.

아인호벤(Einthoven)은 베르쿠이와 극비 작업을 같이 하자고 제안했다. 아마 이게 성사되었다면 Marid VI가 암호해독책을 사용해서 체코 외교전문을 해독하고 그 내용을 아인호벤에게 리얼타임으로 보냈을 것이다. 체코 외교전문은 녹색집(Green Edition)에는 보이지 않지만, 중간에서 낚아 챈 체코 외교전문은 고위직 간에 몇 차례 논의한 뒤 아인호벤에게 보내졌다. BVD는 CIA의 해외감청 업무를 지원했으며, 네델란드는 이를 위해 재정적으로 뒷받침했다.

한편 CIA 국장 **덜레스**의 후원을 받은 **오도넬(O'Donnel)**은 1952년 7월말 헤이그 CIA 지부장으로 부임하게 되었다. 재임 2년 동안 오도넬은 BVD와 친밀하게 지내려고 노력하여 관계가 매우 좋았다. 오도넬 덕분에 CIA는 소련과 바르샤바 조약기구에서 귀순한 자들을 워싱턴에서 BVD에게 디브리핑하도록 허락했는데, 무슨 이유에서 인지 영국은 불만을 감추지 않았다.

BVD는 특히 공산당 비밀 에이전트를 추적하는데 상당한 공을 들였다. 헤이그 폴란드 대사관 근처 빌딩에 감청기지를 설치하고 대사관내에서 오고가는 외교 · 군사적 전문 등을 감청 했다.

대부분의 감청 장비는 CIA가 제공했다. CIA는 러시아 헤이그 소재 대사관과 모스크바 간의 전문을 인터셉트해주는 대가로 BVD에게 7개의 방향탐지기(direction finders)를 전달했다.

베르쿠이는 이 협약을 맺는 초기부터 관여했으나 탐탁치 않아 했다. Marid VI에게 돌아오는 대가가 거의 없었기 때문이다. 그럼에도 베르쿠이는 매주 한 번씩 인터셉트한 러시아전문을 미 대사관에 상주하는 CIA 요원 조나단 래드(Jonathan Fred Ladd)와 윌리엄 어윈(William Erwin)에게 건네주었다. 하지만 베르쿠이는 내심 Marid VI가 인터셉트한 러시아 전문을 CIA에게 넘겨주기 싫었다. 시간이 갈수록 미국의 태도에 대한 불만이 커져갔다. 이런 심리상태도 피터슨과의 관계를 긴밀히 하는 동인이 되었다.

스패나자르(Spanjaard)가 미 대사관의 새로운 행랑(courier)이 되자, 래드와 어윈(Ladd와 Erwin)은 종종 반대급부로 바라는 것이 무엇이냐는 질문을 하곤 했다. 스패나자르는 그들에게 "예전에는 베르쿠이가 암호논리에 관한 많은 의문사항에 대한 해답을 알려주었다"고 퉁명스럽게 대답하곤 했다.

◆ CIA의 전달 거부(The CIA Refusal to deliver)

1951년 1월 아이호벤(Einthoven)은 스패나자르에게 자신이 CIA를 방문하겠노라고 말했다. 그는 체코 암호책을 제공하는 대가로 다른 1급 비밀을 제공받길 기대했다.

스패나자르는 무익한 일이라고 여겼다. 미국 정보기관은 결코 1급 기밀을 공유하지 않기 때문이다. 그러면서 아인호벤이 다시는 그 암호책을 보지 않을 것이며 빈손으로 워싱턴을 떠날 것이라고 나름 추측했다. 그는 아인호벤을 무척 순진한 사람이라고 생각했다.

스패나자르의 판단이 옳았다. 아니나 다를까 미국 정보요원들은 철저히 아이호벤에게 체코의 암호체계 등에 관한 추가적인 데이터 제공을 거절했다. 아인호벤은 본국에 귀임한 이후에서야 체코 관련 암호 자료들이 CIA에게 제공되었다는 알아챘다. CIA는 Marid VI에게는 자료를 주지 않았기 때문에 1951년 10월 스패나자르는 다른 방법을 시도하기로 마음먹었다. 미 대사관을 방문하는 횟수를 줄이고 소련통신망 등에서 수집한 가공하지 않은 생첩보를 요구했지만 허사였다.

이에 대한 실망으로 자신도 소련의 교신망에서 포착한 정보를 주지 않기로 마음먹었다. 그런데도 CIA는 목석처럼 아무런 반응이 없었다. 피터슨 또한 이 방식을 시행하는 과정에서 중요한 역할을 했다.

그도 CIA를 거쳐 자기 책상 앞에 보고되는 소련의 외교 전문 인터셉트 내용을 보지 않았다. 전달을 중단하라고 충고하면서 **엘사커르스**에게 말했다. NSA는 이미 소련 트래픽을 인터셉트 하고 있다고. 이 말을 들은 스패나자르는 격분하여 엘사커르스에게 보낸 편지를 통해 "자신은 이 게임에 더 이상 관여하지 않겠소"라는 폭탄선언을 하게 된다.

아인호벤의 체코 암호코드에 대한 CIA와의 거래는 피터슨을 불안하게 했다. 그는 CIA가 체코 암호 자료 등를 러시아 담당 부서에 넘겨주길 기대했다. 피터슨은 엘사커르스에게 만약 Marid VI가 자신의 정보를 다른 네델란드 정보기관에 넘겨주는지에 대해 물었다. 다른 네델란드 정보기관이 미국과 거래할 때 맞바꾸는 재료로 삼을 수 있다고 생각했기 때문이다. 이렇게 되면 자신의 위치가 흔들릴 것이 염려되어 별로 기분이 좋지 않았다.

그것은 마치 피터슨이 이미 체코 암호자료를 네델란드 정보기관에 제공한 것처럼 들렸다. 이는 왜 Marid VI가 체코 외교 전문을 해독해 왔는지를 설명해준다.

엘사커르스는 스패나자르로부터 귀띔을 받았다. "피터슨에게 말하라. 이런 일은 일어나지 않았다". 엘사커르스는 그렇게 하기로 약속하면서, 피터슨으로부터 받은 자료는 절대로 Marid VI 부서를 벗어나서는 안된다고 강조했다. 그는 피터슨이 공식적인 정보교환을 위한 합의 시도가 있었는지에 대해 물어보기를 기대했다.

1952년에 피터슨과 엘사커르스는 22번이나 만났다. 피터슨과 주고받은 많은 편지와 서류뭉치들은 정기적으로 엘사커르스를 거쳐 스패나자르르에게 건네졌다.

이렇게 된 데는 **슈마허(Schumacher)**의 역할이 컸다. 그는 마지막에 피터슨이 보내준 서류를 수령했으며 적절한 질문을 한 사람 중 한명이었다. 1952년 Marid는 피터슨의 도움으로 외국 암호문을 뚫었다. 피터슨은 다른 국가들의 암호체계에 대한 연구를 더 하겠다고 약속하면서 엘사커르스에게 말했다.

"NSA는 이미 여러 국가들의 외교 전문을 읽고 있지만 네덜란드 외교전문만은 해독하지 못하고 있다". 이 기간에 피터슨은 네덜란드 외교관 숙소인 아파트에서 일주일에 한 번씩 엘사커르스와 접촉했다. 1952년 여름, 피터슨은 엘사커르스와의 만남 횟수를 줄여야겠다고 결심한다. 이유는 몸이 좋지 않았기 때문이다.

한편 슈마허(Schumacher)가 피터슨에게 보내는 편지에 직접 끼어들었다. 슈마허는 왜 우리가 그렇게 오랜 기간 당신으로부터 듣지 않았는지를 이해하기 어려웠다고 말했다.

슈마허는 피터슨이 회복되는 대로 서신 왕래가 재개되길 희망했다. "우리는 당신 피터슨의 도움에 대해 매우 고마워하고 있다"는 점을 강조하고 싶어 했다. 우리의 비즈니스 전선(감청 및 감청정보 해독 업무)은 어렵고 예상치 않는 복병을 만날 수 있음도 지적했다. 이 즐거운 스포츠는 이런 정도의 장애물을 극복하게 해주었지만 시간 요소가 중요한 역할을 했고, 이곳이 당신이 우리를 많이 도와주는 곳이라는 점도 부각했다. 다급한 슈마허는 긴급히 피터슨에게 만남을 재개하자고 조른 덕분에 정보 주고받기는 한결 나아졌지만 예전처럼 그렇게 많은 정보를 받을 수 없었다.

◆ 피터슨의 체포와 몰락(The Arrest and Fall-out of)

피터슨은 1954년 10월 9일 체포될 때까지 무려 10여 년 동안 네델란드를 위해 일했다. FBI는 동년 9월 NSA에게 피터슨을 해고하라고 권고했고, 피터슨은 10월 1일 해고되었다.

FBI는 어떻게 피터슨이 네델란드 스파이인지 알아냈을까?

가설 중 하나는 이것이다. 몇 년 전부터 의심스런 부분이 있어 추적해왔다는 것이다. 1948년 초 로우렛(Frank B. Rowlett, 프리드먼의 주요 보조자 중 한 명)이 NSA의 내부 업무 메모장에 베르쿠이가 수행한 일과 피터슨과의 관계에 관해 작성해왔다는 것이다.

그 메모장은 피터슨에게 특정 NSA 서류를 확보해달라는 네델란드 측의 요청사항이 들어있었다. 그 결과, 피터슨은 경고를 받았고 명시적으로 여러 번 그와 접촉하지 말도록 지침이 내려갔다.

그럼에도 피터슨은 이를 무시하고 계속 네델란드에 정보를 가져다주었다. NSA는 1952년에 피터슨에게 한 번 더 경고한다. 네델란드와 연대를 끊으라는 경고를 주었지만 또다시 피터슨은 이를 무시한다. 흥미로운 점은 FBI와 NSA에서 조사를 받을 때 ”내가 왜 그런 행동을 했는지 모르겠다“고 응답한 사실이다.

미국 정보관리들은 피터슨의 케이스에 대해, 피터슨의 관점, 즉 피터슨의 심리상태에서 보면 별로 이상한 일이 아닐 수 있다고 분석한다. 피터슨은 자신을 가족적 유대감도 없는 매우 고독한 존재로 여겼다. 피터슨 자신은 정이 필요하다는 것을 깨닫지 못했을 수도 있지만, 그는 정을 갈구했고 그래서 자신에게 조금이라도 정을 베풀면 도와주고자 했다는 것이다. 초기에는 피터슨과 베르쿠이 사이에 공식적인 정보교환으로 시작했지만, 시간이 지날수록 우정으로 발전했고, 최종적으로는 통제받는 사이로 진전되었다는 것이다.

다른 버전도 있다. 피터슨의 스파이활동은 동성애자였던 해군장교의 보안사고 건이 없었더라면 밝혀지지 않았을 수도 있었다는 것이다. 피터슨이 동성애자였을 가능성이 있다는 암시이다. 그렇지만 NSA 자체조사에서는 피터슨이 네델란드 대사관에 친한 친구가 있었다는 것과 동성애 문제는 간과되었다. 1953년 9월, FBI는 피터슨을 본격 조사하기 시작했다. 아파트를 수색한 결과, 상당히 많은 NSA 서류 뭉치들이 나왔고 이를 근거로 기소가 충분하다고 자신했다.

세 번째 가설은 피터슨의 행동이 우연히 NSA 내부보안팀에 주목을 받게 되었다는 설이다. 보안신분증을 업데이트하는 과정에서 보안 요원들이 우연히 피터슨이 외국의 누군가와 접촉하고 있음을 암시하는 정보를 포착했다는 설이다. 이것이 경고벨을 울렸다.

앞서 기술한 FBI의 가택 수색에서 상당한 서류가 발견된 점을 감안하면 그 서류 대부분이 전달되었을 것으로 보는 것은 합리적 의심이었다. 피터슨은 그 서류들을 사진으로 찍어 보내면 스타워트와 후임자인 엘사커르스는 다시 스태플로 묶어 아무 일도 없었던 것처럼 위장했다. 이외에도 수시로 NSA 자료 보관실에 가서 서류를 빼돌려 스타워트, 슈마허, 엘사커르스에게 보냈다. NSA 내부에서 피터슨 조력자가 있는지에 대해서도 고통스런 조사가 이어졌다. 이 결과는 알 수 없다. 핵심서류가 여전히 보안으로 분류되어 공개되지 않고 있기 때문이다.

◆ 황급히 놀란 네델란드 대사관

1954년 10월 9일 네델란드 대사 **판 로이연**(Van Roijen)은 외무장관 베이언(J.W. Beyen)에게 보고한다. 미 국무성에서 자신을 소환해서 피터슨과 엘사커르스와의 관계를 설명하라고 한다고. 네델란드 주재 미국 대사 매튜(H. Freeman Matthews)는 토요일이어서 마침 사저에 있던 네델란드 총리에게 관련 정보를 귀띔 했다. 베이언 외무장관은 다양한 관련자와 상의했다.

판 타윌(Van Tuyll)에 의하면, 피터슨과의 처음 접촉은 엘링턴에서 베르쿠이와 함께 작업하면서 시작되었다. 종전 후에는 비공식적으로 지속되었다. 이유는 암호분석과 암호체계에 관한 주제를 놓고 공식적인 차원에서 접촉하는 것은 대단히 이례적이었기 때문이다. 주요 목적은 네델란드의 감청과 암호해독 능력을 키우는 것이었다. 네델란드 헤이그에서는, 이 같이 긴밀한 상호협조는 책임 있는 미국 당국의 축복이라고 여겼다. 판 타윌(Van Tuyll)은 주장했다.

네델란드 입장에서 보면, 네델란드가 가진 많은 서류들이 다른 채널을 통해 미국으로 전해졌고, 어찌 보면 피터슨은 그 반대급부로 네델란드의 암호해독 능력을 제고하는 발전된 보고서를 제공한 것으로 볼 수 있다는 것이다. 이 목적을 위해서는 반드시 자금지원이 있었다고 보고 자금 용처에 관한 정보를 탐색했다. 이 자금은 판 로이연(Van Roijen) 대사가 특별한 미션을 위한다는 명목으로 배분 역할을 했다. 10월 10일 로이연 대사는 미 국무장관 덜레스로부터 소환요청을 받는다. 일요일이어서 덜레스의 개인 사저로 초청된다.

덜레스는 굉장히 화를 내면서도 국제적인 반향을 최소화하고 싶다는 의향을 비추었다. 덜레스는 low key(조용한 수습)로 대응하려고 했다. 로이연 대사는 내델란드 총리가 이 사안을 잘 알고 있어, 모든 것은 정상적인 일이었다고 여겼다. 암호에 관한 정보교환은 전쟁 시에는 '공식적(official)으로', 종전 후에는 '비공식적 (unofficial basis)으로' 하는 것이 하나의 관행이 아니냐는 견해를 내비쳤다.

그러나 수평선 저 너머로부터 문제가 빠끔히 나타나기 시작했다. 미국 언론에서 피터슨 체포 내용을 대서특필하기 시작한 것이다. 네델란드가 직접 코멘트하진 않았지만, 덜레스는 시간 문제로 여겼다. 국무장관 덜레스는 동생인 알렌 덜레스 CIA 국장과 함께 로이연 대사를 초치했다. 다음 날 언론에 공개할 초안을 보여주었다.

로이연은 초안 내용에 동의하면서도 **엘사커르스와 피터슨과의 특별하면서도 은밀한 관계**는 알지 못했다고 강조했다. 이들 간의 접촉은 승인받은 사안이라고 여겼다는 점도 덧붙였다.

덜레스는 말했다. "엘사커르스가 네델란드 암호체계를 깨는 방법을 아는 사람으로부터 기밀서류를 받았다는 것을 알았다"고. 후에 언론은 NSA가 네델란드 암호체계를 뚫었다고 보도했다.

◆ 네델란드 책략의 발전(The Dutch strategy develops)

10월 11일 로이연 대사는 미국 및 언론의 공격을 완화시키기 위한 전술적 제안을 한다. 판 트윌(Van Tuyll)의 텔레그램은 네델란드가 미국의 절친한 동맹이라는 것을 강조한 것이며, 피터슨의 체포에 대한 정보도 사전에 받지 못했다는 내용이 골자였다. 그리고 미국 언론은 사실과 다른 내용을 기사화하고 있으며, 이에 대사관 입장을 표명하는 성명서를 발표하겠노라고.

같은 날 로이연 대사는 덜레스 CIA 국장에게 말한다. 덜레스는 네델란드 정부의 진지한 의도에 관해 추호도 의심하지 않는 사람이었다. 로이연 대사는 사실 피터슨 체포 사실을 통보받지 못했다. 이유는, 피터슨의 체포여부가 최종 결정되기 까지 상당한 진통이 있었기 때문이다. 덜레스는 네델란드 총리와 로이연 대사가 피터슨의 은밀하고도 상식적이지 않은 접촉을 알지 못했다는 것을 알고는 내심 기뻐했다.

한편 로이연 대사는 "네델란드의 외교전문은 피터슨과 엘사커르스와의 접촉 사실 때문에 위험에 빠지지 않는다"는 점을 강조하면서 데미지 보수에 안간힘을 다했다.

미 국무성은 미국과 네델란드가 공동성명을 작성하여 언론에 뿌리자는 덜레서 국무장관의 제안을 거부했다.
그럼에도 로이연 대사는, 미 국무성 고위층의 경우 네델란드 정부의 진정성을 추호도 의심하지 않을 것이라고 추론했다.

◆ 네델란드는 얼마나 데미지를 입었을까?(the Dutch damage assessment)

1954년 11월 6일 스패나자르(Spanjaard)는 로이연 대사에게 메모를 보내 아인호벤(Einthoven)과의 초기 접촉 상황에 대해 개략적으로 나마 설명했다. CIA와 NSA가 네델란드와 암호분석에 관한 정보를 교환하는 문제에 대해 말을 잘 듣지 않았다는 내용도 기술했다. 네델란드 측에서 CIA와의 접촉을 단절하여 더 이상 소련의 전문을 인터셉터 하지 않았지만, CIA는 아무런 반응도 보이지 않았고 아무 일도 없었다. 네델란드 정보부 BVD는 이런 일을 계속하길 원했지만 Marid VI는 거절했다. 아인호벤(Einthoven)은 개인적으로 끼어들었다.

CIA와 새로운 거래를 트고 싶었다. 그리고는 이런 일은 자신이 20개월 이상 해온 일인 만큼 자신의 도움 없이는 할 수 없을 것이라고 항의하듯 말했다. 이는 당황스런 일이었다. 두 달 내에 CIA 본부가 있는 버지니아주 랭글리를 방문할 예정이었기 때문이다. Marid VI는 완강하게 고집을 꺾지 않았다.

자신들은 소련 트래픽을 인터셉트 하지 않을 것이며 PTT가 대신해야 한다는 이유를 내세웠다. 로이연 대사는 이 메모를 읽은 뒤 폭(Fock)에게 권유했다.

아인호벤(Einthoven)과 BVD는 CIA로부터 자금 지원을 받는 것을 중단해야 한다고 권유했지만, BVD는 자금 지원을 받는 것을 중단하지 않았다.

로이연 대사는 스패나자르(Spanjaard)와 보상으로 주는 것에 관해 합의했다. 1954년 11월 그는 아인호벤(Einthoven)에게 질문 한다.

"NSA는 상호호혜적 관점에서 암호해독에 관한 정보를 줄 수 있느냐"고. 아인호벤(Einthoven)은 응답했다. "이미 1951년 3월 워싱턴에서 이 사안을 갖고 논의했노라"고.

확실한 것은 CIA와 NSA는 감청기술 등에 관한 자료를 줄 의사가 별로 없었다는 것이다. 미국과 네델란드 정보기관 간의 정보협력은 BVD와 CIA간의 관계가 어떻게 조율 되느냐에 놓여 있었다. 암호 분야의 경우 공식적인 정보교환은 없었다.

◆ 미국·네델란드 정보협력에 미친 영향 (Petersen and the Impact on the American-Dutch Intelligence Liasion)

피터슨 스파이 사건은 미국과 네델란드 간의 정보협력에 적지 않은 충격을 주었다. 로이연 대사는 "이 사건으로 인해 CIA가 BVD와의 관계에서 상당한 후폭풍을 가져왔다는 탄식을 했다"는 내용의 정보보고를 본국에 했다.

FBI는 피터슨의 범죄혐의에 대해 큰 그림을 그리고 있었으며 피터슨이 책을 집어 던질 것(throw the book)을 원했다.
트윌(Van Tuyll)은 별로 걱정하지 않았다. 이유는, FBI와의 접촉은 네델란드 법무부가 하고 있고, 정보 및 보안에 관한 내용은 CIA와 하고 있기 때문이었다. 그간 안보와 정보에 대한 협력은 무탈하게 되어 와서 1955년 4월 20일과 23일 알렌 덜레스CIA 국장과 아인호벤(Einthoven)이 직접 만날 정도였다.

트윌은 평가했다. "FBI는 피터슨 사건을 이용하여 라이벌인 CIA의 기를 꺾을 놓을 속셈"이라고.

로이언 대사의 초기 평가에 대해 FBI 고위 관리였던 윌리엄 설리번(William C. Sullivan)도 그럴 듯하다는 입장을 내비쳤다. 설리번은 나중에 "당시 FBI 후버 국장이 네델란드를 증오한다"고 발언한 내용을 폭로한 사람이다.

피터슨 사건이후 네델란드 정보요원은 FBI로부터 'persona non grata(**PNG**, 기피인물)' 대상이 되었다. 이 사건 이후 한동안 후버는 BVD국장과의 만남도 거부했다.
"이 사람과는 할 얘기가 없다".

전 BVD 요원은 **후버**가 매우 화가 났으며, BVD 요원을 접대하지도 말라는 언명을 내렸다는 것도 확인해주었다. 이러저러한 사연 때문에 후버가 공식적인 BVD 대표단을 만나기까지 적지 않은 시간이 걸렸다. FBI는 NSA와 CIA가 피터슨의 스파이 활동을 감췄다는 점 때문에 크게 좌절했다.

아인호벤(Einthoven)은 자신의 비망록에서 후버가 BVD를 실질적인 장본인(main culprit)이라고 여기고 있었다고 기록했다. 그러나 BVD는 CIA와의 관계가 좋았기 때문에 후버의 이런 태도에 대해 별로 개의치 않았다.

전 네델란드 해군 정보요원은 "피터슨 사건 이후 Marid VI와 NSA와의 관계가 다시 좋아지지 않았다"고 말한다. 이유는 두 기관사이의 관계가 실무차원이 아니었기 때문이다. 암호 정보에 대한 교환도 없었다.

미국 해군 정보기관 ONI(the US Office of Naval Intelligence)와의 관계도 해치지 않았다. 그럼에도 이 사건은 네델란드 정부에 그림자를 던져주었고 미국은 시긴트(Sigint, 신호정보)를 공유하길 꺼리게 되었고 암호관련 분야에서 네델란드와 정보협력 하길 주저하는 큰 사건이 되었다.

◆ 글을 마치며

피터슨은 1959년 7월 석방되었다. NSA는 피터슨이 다른 나라에 암호정보를 넘겨줄 것을 염려하여 피터슨의 아파트에 감청장비를 설치했으나, 그 같은 일은 일어나지 않았다. 의심스러운 행위가 발견되지 않자 몇 달 후 감청장비를 철수시켰다. 피터슨은 잠시 NSA 출신이 운영한 기업에서 일하다가 말년에는 마누라와 함께 버지니아 스프링필드(Springfield)에서 반려견과 함께 여생을 보내던 중 1992년 4월 17일 사망했다.

피터슨 사건의 또 다른 키맨이 **베르쿠이**인데, 1967년 4월 11일 사망했다. 스타워트는 1952년에 외무성의 선임 고문(senior adviser)로 승진했고, 1955년에는 파리 부대사로 영전했다. 그는 자신의 직업을 좋아했다. Marid VI가 프랑스 외교전문을 읽고 있었기 때문이기도 했다. 그 역시 1950년대 말에 죽었다.

마지막 남은 의문은 **피터슨이 이중간첩이었나** 하는 점이다.
1948년경만 해도 피터슨이 네델란드 측과 지나치게 밀착한다는 의혹이 많았다.

그런데도 FBI는 조사하지 않았고, CIA도 관여하지 않았다.

의문점은 또 있다.

1) NSA의 보안팀은 FBI 및 CIA와 공모 아닌 공모를 한 것은 아닌가?
2) 이런 의심스런 정황을 무시한 이유는 무엇인가?
3) 라이벌 기관끼리 권력싸움인가?
4) 암호 깨는 능력이 드러날 것을 우려한 때문인가, 아니면 어리석어서 인가?
5) 피터슨에 넘겨진 네델란드의 암호관련 자료들이 NSA에 도움이 되어서인가?

이런 점에서 보면 피터슨은 이중스파이라는 오해를 받을 소지가 충분하다. 네델란드는 피터슨에게 상당한 정보를 건네주었다. 암호화된 전문 등을 인터셉터한 내용, 암호분석 능력, 새로운 암호나 암호풀기 등과 관련된 정보 등이 그것이다.

네델란드는 매 달 거의 정기적으로 진전된 내용을 담은 보고서를 NSA에 보냈다. 프랑스와 이탈리아의 암호와 암호해독에 관한 자료도 있었다. 이는 NSA에게 큰 도움이 되었을 것이다. 피터슨이 네델란드 측과 서신 보내기 및 만남을 중단한지 몇 달 만에 체포되었다는 점에 주목할 필요가 있다.

피터슨은 더 이상 NSA에게 쓸모없는 사람이었는가?
혹은 반공주의자였던 **조셉 맥카시**(McCarthy)상원의원이 반발할 것에 대한 두려움 때문이었는가?

전직 네덜란드 정보기관 고위요원은 ”피터슨 사건은 미국 정보기관들이 벌인 ‘게임’이었다“는 의혹을 제기했다. 반면 전직 고위 NSA 관리는 ”피터슨은 이중간첩[26)]이었다“고 잘라 말했다.

---

26) 정보기관의 첩보원 포섭 비결은 상당부분 사람의 약점을 파고드는 것이다. 그래서 대상자에 대한 강약점을 다각도로 분석하여 접근한다. 금전적 동기를 이용하는 방법, 개인적 신념이나 사상을 이용하는 방법, 자존심을 이용하는 방법, 협박 방법 등이 그것이다. 일단 정해지면 시간을 투자하여 서서히 접근한다. 중국 정보기관은 ‘만만디’로 불릴 만큼 서서히 장기적으로 접근하는 것으로 유명하다.

다우니 사건 : CIA의 마오쩌둥 무너뜨리기 공작 실패 27)

6.25 전쟁이 한창이던 1952년 11월 29일 서울 김포공항, 중천에 뜬 보름달의 배웅을 받으며 미국 수송기 C-47기가 무거운 긴장감 속에서 이륙했다. 행선지는 중국 만주의 지린성 안투현 쑹장진, 탑승자는 미국 중앙정보국(CIA) 요원인 **다우니(J.Downey)**와 **픽토우(R.Fecteau)**였다.

두 사람에게 주어진 임무는 CIA의 중국 현지인 요원을 서울 거쳐 사이판의 CIA 훈련 기지로 데려오는 일이었다. 하지만 약속 장소에 다우니 일행을 기다리고 있던 것은 중국 현지인 요원(협조자)가 아니라 중국 인민해방군의 강력한 총격과 포화였다. 정보를 미리 파악한 중국 인민해방군이 현장에 대기해 있다가 집중 총격을 가한 것이다.

---

27) 이 내용은 최성규 고려대학교 연구교수가 2023년 4월 8일자 중앙 선데이에 기고한 내용으로, 필자가 일부 보완해서 재정리한 것이다.

조종사는 그 자리에서 숨졌고 오도 가도 못하게 된 요원 다우니와 픽토우는 현장에서 체포되었다.

각각 23세와 25세로 CIA에 입사한 지 갓 1년을 넘긴 햇병아리 요원이었던 이들은 세간의 무관심 속에서 모진 고문과 회유를 이겨내며 중국 감옥에서 20여 년 간 포로생활을 해야만 했다.

이들은 1971년과 1973년 각각 석방되었다. 닉슨 대통령의 핑퐁 외교로 미국과 중국 사이에 수교가 이루어지면서 훈풍이 분 다음이었다. 두 사람 어머니의 눈물겨운 호소도 석방의 한 요인이 되었다. 다우니는 석방 후 뒤늦게 하버드 법대를 졸업하고 코네티컷주 대법원 판사를 지냈다.

처참한 실패로 끝나고 만 이 사건의 뒤에는 비밀 정보활동을 통해 마오쩌둥을 대신할 새로운 중국 지도자를 내세운다는 CIA의 전략이자 공작이 자리하고 있었다. 당시 미국 조야는 국공내전에서 장제스를 물리치고 중국 대륙을 장악한 마오쩌둥이 소련 공산당을 닮아 갈 것이라는 우려가 팽배했다. 이 같은 우려는, 앞으로 중국을 이끌 지도자는 마오와 같은 급진 공산주의자가 아니라 제3의 새로운 지도자이어야 한다는 공감대로 이어졌다.

이에 트루만 대통령은 중국 공산세력의 팽창을 막기 위해 마오쩌둥 체제를 전복시키겠다는 CIA 공작을 승인하였다. 이즈음 마오쩌둥은 서방과의 교류를 제한하기 시작했다. 소위 **'죽의 장막'**이 시작된 것이다. 죽의 장막으로 중국에 대한 접근이 어려워진 미국은 비밀 활동 이외에 달리 선택할 방법이 마땅치 않았다. 이에 따라 CIA를 통한 마오쩌둥 체제의 붕괴 시나리오가 탄력을 받게 된 것이다. CIA는 대항세력 육성을 위한 전략거점으로 홍콩을 선택했다. 마오쩌둥을 피해 홍콩으로 넘어 온 중국 본토인이 100만 명에 이르렀기 때문이다.

이들 가운데 협조자를 뽑아 중국 본토에 은밀히 침투시킨 후 마오쩌둥을 몰아낸다고 구상한 CIA는 낙하산 침투 등 훈련을 체계적으로 실시할 훈련 기지를 사이판과 오키나와에 설치했다. 또한 침투작전을 총괄할 지도자로 **장파구이(張發奎)** 전 중화민국 육군 총사령관을 영입했다. 그는 국공내전기간 마오쩌둥과 싸운 경험이 풍부해 안성맞춤이었다. 외형상 준비는 이렇게 순조롭게 진행되었다.

그러나 미국은 치명적인 실수를 저질렀다. 희망적 사고에다 상대편의 방첩능력을 무시한 것이다. 사실 마오쩌둥은 공산 혁명 과정에서 반혁명분자 색출을 위해 이미 각 마을, 각 조직마다 촘촘한 감시망을 구축해 놓고 있었다.[28)]

---

28) 1927년 장제스의 국민당이 중국 공산당을 상대로 대규모 공격을 실행한 뒤 수사과를 설립하자, 이에 대응하기 위해 당시 공산당 군사위원회 위원장이었던 **저우언라이(주은래)**는 **'특수공작위원회'**를 창설했다. 애초의 기능한 안전한 집회장소를 확보하고 공산당 변절자를 차단하는 임무였지만, 나중에 첩보와 보안 전담기관으로 확장되었다. 1928년 4월에는 국민당 첩보기관 잠입을 목적으로 한 특수부서인 '첩보세포'도 설립했다. 저우언라이는 첩보 및 보안활동을 지휘하고 변절자를 차단하기 위해 핵심인물 중심으로 4명의 소위원회를 구성했는데, 이 중 잔악한 활동으로 이름을 더럽힌 **캉성(康誠)**도 포함되어 있었다. (이일환, 『정보의 눈으로 세상보기』(부산: 동아대학교 출판부), 2019, pp. 133-134.)

또한 마오쩌둥은 허위정보를 흘려 상대방을 혼란시키는 등 심리전 공작에도 뛰어났다.[29] 어느 날 중국 당국의 방첩망에 외국과 계속 무선 교신을 하는 수상한 사람이 있다는 첩보가 입수되었다. 잡고 보니 CIA 훈련기지와 교신하고 있던 중국인 스파이였다. 그를 심문하는 과정에서 다우니 일행이 군용기를 타고 만주에 온다는 첩보를 파악했다.

중국 방첩당국은 이중 공작을 전개한다. 그를 회유하여 "만주 현지 상황은 아무런 이상이 없다"는 허위정보를 다우니 일행에게 계속 타전했다. 이를 까맣게 모르고 만주에 잠입한 다우니 일행은 완벽하게 함정 공작에 당할 수밖에 없었다.

치밀하지 못한 비밀공작의 결과는 다우니와 픽토우의 희생에만 그치지 않았다. CIA는 6.25 전쟁 당시 마오쩌둥 타도를 위해 중국본토에 212명의 요원을 투입했는데, 111명이 체포되고 101명이 희생되었다. 212명 모두 비밀 작전에 실패했음을 보여준 수치다. 서부에 티벳인들에게도 게릴라 훈련을 시켜 마오쩌둥 타도 작전에 가담시켰으나 역시 전원 체포되었다.

더욱 부정적 역효과는 마오쩌둥 세력에게 중국을 더욱 철저하게 감시해야 한다는 명분을 제공한 것이다.

---

29) <赤旗(적기)>의 논설위원이자 중앙위원회 유령 필자로서 1949년 중국 북서부지방 공산당의 정보공작의 전설적 인물이었던 **왕 차오베이**(wang Chaobei)는 중화인민공화국 내부에 세 가지 악질적인 원리가 존재한다고 언급한 적이 있다. "이 중 가장 중요한 원리는 기민하게 상대방이 실수하도록 유도하는 것이다." (앞의 책, p. 137).

그 결과, 그렇지 않아도 창설한 지 얼마 되지 않아 정보 수집이나 분석, 공작 능력에서 만족할만한 수준에 이르지 못했던 CIA는 중국 본토를 상대로 한 수집이나 공작이 더 위축되는 결과를 가져왔다.

참고로 마오 시절 중국 공산당은 사회주의 노선관철과 대중 노선을 활성화 및 주민 감시를 위해 중국 사회 곳곳에 스파이망을 부식했다. 첩보망은 사회주의 노선 관철을 위한 투쟁에 필요한 효과적인 도구로 간주했다. 이들은 지역장악에 필요한 신상정보 등을 제공했다.

1950년대만 해도 1만 여명의 정보요원들이 철도를 이용, 전국 각지에 은밀히 내려 보냈다. 공안국 지부(정보소조)들은 독자적으로 요원을 충원하고 가동할 권한을 부여받았다. 후에 마오쩌둥이 '제국주의 走狗(주구)'라는 사람들까지도 요원으로 충원하는 일이 벌어졌다.

◆ 다우니 사건의 교훈

다우니 사건은 지피지기해야 백전불퇴라는 평범한 교훈과 함께 상대국의 방첩능력 파악은 비밀공작의 필수라는 기본원칙을 일깨워 주고 있다. 정확한 정보와 합리적 판단에 기초하지 않고 단순히 **희망적 사고(wishful thinking)**나 이념적 반감으로 중국 문제에 접근하다가는 실패하기 십상이라는 것이 이 사건이 주는 엄중한 교훈이다.

당시 CIA 작전은 구멍이 숭숭 뚫렸고, 중국의 방첩은 치밀했다. 이런 측면에서 다우니 사건은 역사 속으로 사라진 것이 아니라 이 사건의 아픈 기억을 통해 오늘날 정보활동의 교훈을 밝혀주는 현재진행형이다.

포스트 냉전 시기 공작

CIA 밀라노 지국의 아부 오마르(Abu Omar) 납치 공작과 결과적 실패

디지털 시대 변화에 발 빠르게 적응하지 못하고 아날로그식 방법으로 허술하게 테러리스트 납치공작을 벌였던 CIA의 신분노출 사례이다. 납치는 성공했으나, 각종 디지털 기록을 분석한 이탈리아 검사의 집요한 추적으로 납치에 가담했던 CIA 요원 23명이 궐석재판에 기소된 사건이다.

2003년 2월 17일 이탈리아 밀라노에 살고 있던 이집트 국적자 **Osam Mustafa Hassan Nasr**(약칭 아부 오마르 Abu Omar)가 비아 구에르초니(Via Guerzoni) 거리를 걷는 도중 사라졌다. 목격자들은 오마르가 사라진 순간에 대해 언급했다. 그가 핸드폰을 들고 있는 남자에게 무언가를 말했다고.

이탈리아 검사들은 1년이 지난 후 이 사건에 대해 오마르가 설명한 것을 깨닫게 되었다. 오마르가 2004년 4월 이집트 한 가옥에서 연금되어 있을 때 가족에게 전화했을 때를 상기했다.

오마르는 그곳에서 심문을 받고 있었지만, 자신의 주장 말고는 납치는 물론 이집트에서 1년 이상 갇혀있는 상황을 입증할 물적 증거가 없었다.

검사들은 물적 증거가 거의 없는 상태에서 디지털 데이터를 뒤지기 시작했다. 핸드폰 가입자 **인식모듈**(SIMs: subscriber identify modules)을 토대로 납치지역 주변과 납치를 전후한 2시간 대역을 추적했다. 로컬 휴대폰 중계 기지를 통해 1회 이상 통화한 11개의 SIMs를 파악했다. 처음에는 몇 초 정도 통화하다가 시간이 지나면서 통화빈도수가 늘었고, 납치 순간 피크를 이루었다가 납치 후 갑자기 통화가 중단된 것을 확인했다.

SIMs는 또 다른 SIMs와 링크되어 핸드폰 사용자의 전체 네트워크를 파악할 수 있었다. SIMs 분석과 납치지역에 대한 위치정보 분석을 통해 검사들은 여러 팀이 합동으로 이 공작을 벌인 것으로 추정했다. 납치조, 지원조 등이고, 차량 3대가 납치범을 태운 후 아비아노 군사공항(Aviano Air Force)으로 간 것도 알아냈다. 카라반에 동승자 중 누군가는 버지니아 근교에 속한 핸드폰으로 Aviano AFB를 여러 번 호출했다는 것도 확인했다. SIMs가 포함된 핸드폰만으로 납치범들이 CIA 밀라노 지국장(COS)과 밀라노 영사관 소속 요원임을 알아냈다.

이탈리아 경찰은 54개의 독특한 SIMs가 납치와 연관되었음을 파악했다. 밀라노에서 Aviano로 가는 A4 고속도로는 톨게이트가 있었다. 검사들은 요금 정산회사들의 디지털 기록을 체크했고 Aviano로 향한 팀이 디지털 결제카드를 사용했음을 찾아냈다. 3대가 고속도로를 진입하여 빠져나갔는데, SIMs에서의 위치와 맞았다. 요금도 차량의 크기와 맞아 납치조가 자동차 1대와 밴 2대임을 확신했다.

요금지불카드는 밀라노의 한 편의점에서 구입한 것을 알아냈지만, 누가 무슨 목적으로 구입했는지에 대한 세세한 내용은 알 수 없었다.

몇 명의 SIMs를 추적하던 중, 구입자가 미국 주소와 사진이 있는 미국 신분증을 가진 자임 알아냈다. 나아가 SIMs를 토대로 밀라노 지역의 호텔과 숙박업소를 뒤져 여행객의 신원을 파악했다.

COS의 경우 더 쉽게 신원을 증명할 수 있었다. 집주소와 SIM을 추적하여 정확한 위치를 찾았다. 몇몇 SIMs는 오랜 기간 둘이 한 조가 되어 여행했음을 보여주었고, 같은 폰으로 SIMs를 바꾸었다. 핸드폰 중계기지 로그기록은 각 핸드폰의 연속 숫자가 기록되어 있었다. 이 연속 숫자를 통해 추가적으로 4명이 더 가담한 것을 알아냈다. 총 25명의 미국인 신원이 파악되었다.

호텔에서 체크인한 것, 주소적은 것 등 모두가 버지니아 근교의 P.O. 박스였다. 카드는 비자, 마스터카드, 디너스 카드 등

다양하게 사용했지만 16번 중 14번을 같은 카드로 사용했다. 신용카드 사용 데이터와 위치정보는 납치조가 차를 빌렸고, 계산할 때는 누군가 비행·여행객 넘버를 주었다. 이 넘버를 토대로 유럽 지역을 통과하는 승객들의 여행내역을 모니터할 수 있었다. 이탈리아를 떠난 지 상당한 시간이 지난 뒤에도.

모든 SIMs는 납치공작 후에는 거의 사용하지 않아 4개만이 신분을 위장한 공작원 추적에 이용 가능했다. 핸드폰 4개는 다양한 SIMs를 재사용했고, 미국인 한 명이 구입하여 로마 미국대사관 근처 중계기지와 연결되었다. 이 핸드폰은 이탈리아에서 활동 중인 CIA 공작관이 단기 임무를 목적으로 사용한 것으로 결론지었다.

이 사건은 **CIA의 신분 위장과 비밀공작을 감추는 과정**이 디지털 세상에서는 더 이상 통하지 않는다는 것을 입증해주었다. CIA 공작과정에서 디지털의 속성을 상세히 알지 못한 치명적 결함은 적의 성격에 기인한다. 사법기관은 적대국이나 對테러 집단 이상으로 조사하기 때문에 조사과정을 공유하여 성공적으로 미션에 간여한 공작관들의 위법행위를 찾아내어 기소할 수 있다.

이 조사가 對테러 미션을 담당하는 기관이 조사했다면 조사관들은 단순히 데이터를 수집하고 그 활동이나 핸드폰 등 정보에 도움되는 사실적인 내용들을 모니터하는데 치중했을 것이다. 이를 토대로 CIA내 다른 부서들이 갖고 있는 정보와 종합하여 지도를 그렸을 것이다. 유럽에서 활동 중인 CIA 공작관들의 신원과 공작 내용을 지도화했을 것이다.

*** CIA는 활동 목표에 대해 지도처럼 그려서 구체적으로 활동하는 것을 선호한다. 전 CIA 여성 요원이었던 트레이시 월더는 <unexpected spy>라는 자신의 회고록에서 "아프리카에서 테러리스트를 추적할 당시, 장장 세 시간 넘게 알고 있는 것을 교차 확인하고 서로 맞춰가며 총체적 정보를 그려냈다. 우리는 서로가 허술히 넘어가버렸던 부분을 밝혀내기도 하고 몰랐던 내용을 채워 넣기도 하면서 인명, 도시 이름, 의도가 포함된 전체 시스템을 그린 지도를 만들어냈다" 고 술회했다.(관련 책, pp. 144-145)**

이탈리아 법정에서 기소장이 공개되었을 때 전 세계 언론들은 납치사건의 시간대와 아부 오마르 납치에 구사했던 수법을 대서특필했다.

이 민감한 내용들이 이탈리아 법정에서 소상히 공개되고 철저한 조사와 디지털 데이터에 대한 포렌식 분석을 토대로 사건을 재구성되었다. 미국 정보기관에 대한 미디어의 불같은 관심만큼이나 문제가 된 것은 조사기법이 백일하에 드러나 정보전문가들도 검사들이 한 것처럼 신분위장, 공작에 간여한 공작관들의 활동 방법 등에 대해 정확히 연구할 수 있게 되었다는 점이다.

예전에 TV의 폭력적이고 범죄 드라마가 시청자에게 범죄수법을 교사하는 역할을 한다고 비판받은 적이 있다. 폭력적 범죄에 대한 조사는 포렌식 증거가 쉽게 없어져 시간을 다투는 일이었다.

미국의 다큐시리즈 *The First 48* 을 보면 나레이터가 음울하게 이렇게 얘기한다.

"살해범 추적자에게는, 시계는 그들이 전화 받는 그 순간부터 째깍째깍 가기 시작한다. 살인 사건을 해결하는 시간은 48시간 내에 결정적 단서를 찾지(get a lead) 못하면 해결가능성이 반으로 떨어진다."

아부 오마르 납치사건 조사는 증인이나 물증이 부족해도 **디지털 증거**는 무한정 넘치며 언제든 찾아내 다시 끄집어내어 가치있는 내용을 분석한다는 점이다. 밀라노에 사는 이집트 출신 여성 메르펫 레스크(Merfat Rezk)가 유일한 증인이었지만, 겁을 먹고 오마르가 사라진지 9일 후인 2003년 2월 26일에도 경찰 조사에 응하기를 꺼려했다.

Rezk는 오마르가 밴차에 끌려들어가는 것을 보았다고 인정하지 않았다. 오마르와 오마르에게 말을 하고 있던 사람들이 사라진 것을 보았을 뿐이라고 마지못해 말했다. 밴을 타고 떠났지만 자발적인 행동이었는지는 확신하지 못했다.
Rezk는 아이들의 베이비시터인 Hayam Hassanein에게 많은 얘기를 했다. 납치사건이 발생한지 5일째 되던 날이다.

그 내용은, 오마르가 밴차량에 끌려들어갔으며, 아랍어로 도와달라고 소리쳤다는 내용이었다. 그렇지만 이 내용은 2년 동안이나 조사관의 주목을 끌지 못했다. Hassanein이 Rezk의 증언을 뒷받침하기 위해 2003년에 들었던 내용을 간략하게 증언할 때까지.

당연히 조사관은 2년 동안이나 납치 상황을 묘사하는 증언록을 가지고 있지 못했다. 설상가상으로 그 증언은 Rezk가 Hassanein에게 말한 내용을 토대로 한 간접증언이었다는 점이다. 조사관들은 조사를 꺼리는 Rezk를 만날 수 없었다. 그녀는 첫 조사를 받은 다음 날 황급히 아이를 데리고 이집트로 돌아갔기 때문이다.

Rezk는 오마르가 사라지는 순간에 오마르에게 말을 건 사람이 손에 핸드폰을 쥐고 있었다고 진술했다.

조사관들은 이 진술에 주목하고 핸드폰 회사들의 중계기지를 탐문하고 11시에서 1시 사이에 통화한 핸드폰들의 로그기록을 받아 세세히 조사해나갔다. 대화내용은 찾아낼 수 없었지만 SIM카드가 중계기지와 연결되어 있음을 로그 기록은 보여주었다.

2003년 3월 관련 자료를 요구하여 6개월이 지나서야 관련회사로부터 자료를 받을 수 있었다. 틀린 자료가 도착하여 다시 요구하여 또 다시 6개월을 기다려야 했다. 이는 조사가 오마르가 사라진지 1년이나 지나 raw list10,718 SIMs가 도착되어서야 시작되었다는 것을 의미한다.

이 데이터만으로 이탈리아 조사관들은 25명의 신분위장 공작원의 신원과 소비이력(spending history), 커뮤니케이션 네트워크, 사용자들의 움직임 등을 밝혀냈다. 이 탐지작업은 2시간의 창을 연 SIMs 리스트로부터 시작되었다.

다시 말하지만 인간이 도처에 뿌리고 다닌 통화기록, 여행 내역, 카드 구입 등 방대한 자료 등이 바탕이 되었다.

디지털 증거는 피할 수 없으며 흘러넘칠 정도이다. 2004년까지 명백한 증거를 찾지 못했지만, 2005년 검사는 사건 전체의 윤곽을 그려내고 기소했다. 2009년에 이탈리아 법원은 23명의 CIA 요원을 궐석재판에서(*in absentia)* 오마르 납치혐의로 기소했다.

러시아 정보기관의 우크라이나 지도층 내 스파이망 구축 공작[30]

◆ 들어가기

2022년 2월 러시아의 우크라이나에 대한 전면적 침공은 전 세계를 경악시켰다. 다시는 전쟁이 없을 것 같았던 유럽대륙에서 국가 대 국가끼리 격렬한 재래식 전쟁이 벌어질 수 있음을 상기시켰기 때문이다. 그런데 크게 주목하지 않은 것이 있다. 우크라이나 전쟁의 비정규적 측면 즉 예전과는 다른 측면이다. 이는 러시아의 행동과 수법을 이해하는데 긴요하다. 이번 침공은 오랜 기간 러시아가 우크라이나를 저울질하기 위해 벌여온 비정규전의 의도된 결정체로 볼 수 있다.

---

30) 이 글은 Jack Watling, Oleksandr V Danylyuk, Nick Reynolds가 2023년 2월, 영국 왕립연구소인 RUSI에 기고한 내용으로, 원제는 Preliminary Lessons from Russia's unconventional Operations during the Russo-Ukraine war이다.

비정규적 공작은 재래식 전력이 전장에서 의도한대로 목적 달성에 실패했을 지라도, 러시아의 성공적인 승리 이론에 중대하다. 그래서 이번 전쟁의 비정규적 측면을 연구하는 것이 중요하다. 러시아의 전쟁 수법을 이해하여 이를 통해 유럽 국가 스스로 방어를 위한 교훈을 얻어야하기 때문이다.

이 글에서 **비정규전**을 다음과 같이 정의한다. 비밀공작, 심리적 공작, 전복, 사보타지, 특수 공작과 정보 및 방첩활동 등이 특정국가의 군사적 목표물을 겨냥해서 벌이는 행위를 말한다. 이런 행위들을 그려내는 일이 그리 녹녹치 않다. 이유는 러시아의 비정규전이 방법론적 전통에 딱 들어맞는다는 사실 때문이며, 그 방법론은 다른 전통에서 정교하면서도 다양한 전문용어를 끌어다가 사용한다.

일례로 미국에서 '비정규전'은 비국가 행위자들이 국가를 전복하기 위해 스폰서하는 것에 큰 비중을 둔다. 러시아가 우크라이나 젤렌스키 정부 전복을 시도하고 저항을 분쇄하는 것은 이 공작 개념에 명확하게 들어맞는다. 그러나 각종 도구(tool)를 조합할 때는 보통 비정규전으로 여기는 것들에 각기 다른 비중을 두고 짠다. 러시아가 비정규전에 사용하는 전문용어를 다른 전통과 동일하게 간주하기에는 일정한 한계가 있다. 그래서 이 보고서는 주로 영국이 사용하는 용어에 중점을 둔다.

이 보고서는 크게 두 파트로 정리된다. 하나는 우크라이나에서 비정규전을 펼쳐온 의도와 준비상황을 밝힌다. 수년 동안 우크라이나 내부에 깊숙이 부식한 러시아 스파이망에 대해 살펴보고, 이 스파이망이 우크라이나 일부 지역 병합과 점령 시 활용되었던 내막을 대략이나마 설명하고자 한다. 두 번째 파트는 전쟁이 실제로 벌어졌을 때 러시아가 비정규전을 어떤 방식으로 활용하는지 설명하고자 한다. 점령지역에서의 방첩 체제와 특수부대 배치, 비정규군의 활동상 등도 포함한다.

궁극적인 목적은 러시아가 어떤 형태와 수법으로 균열작전을 펼치는지를 상세히 살펴보고, 그 지표와 경고 및 대응조치를 놓고 공개적으로 토론하는 기초를 제공하는데 있다.
이 보고서를 만들면서 우크라이나 정보기관, 안보기관, 사법기관 등 여러 관계자들과 광범위한 인터뷰를 가졌다. 우크라이나 전장에서 획득한 상당한 자료와 더불어 러시아의 특수부대와 조직 및 그들이 상호작용한 '실체'들로부터 모은 자료들이 이 보고서를 작성하는데 도움을 주었다.

시간적으로 보면 2021년 7월부터 2023년 2월까지 취합된 자료들이다. 관련자료 중 민감한 것들이 상당히 있어 일반적인 러시아의 형식과 수법에 관해 상세한 설명이 가능한 사건에서 상당부분 추론했음을 밝혀둔다. 이런 추론은 저자들로 하여금 활용 가능한 문건에다 우크라이나 기관들이 보고한 내용을 합쳐 전체적인 그림을 그릴 수 있게 해주었으며, 러시아의 양태(form)와 수법을 이미 알고 있는 非우크라이나 기관들이 결론을 체크 해준 케이스도 많았다.

러시아의 특수기관에 관한 정보를 수집하는 일은 해당 기관들의 내부 보안조치로 인해 단편적이다. 여기에다 이런 주제로 작성하는 것 자체가 논거를 뒷받침하는 증거의 민감성으로 인해 복잡하게 만든다. 이유는 통상적이지 않은 수집과 획득 방법으로 모으는데다, 종종 외부에 드러내지 않도록 하기 때문이다. 일례로 공작 전위기구가 특정 조치를 위해 자금을 지원한 금융기록 등이 그 것이다.

이는 러시아 특수기관이 자금을 지원했다는 추론에 대한 논박할 수 없는 증거가 된다. 하지만 이러한 문건이 세상에 공개되면 자금지원 방식을 다르게 하여 미래에 관련 정보 수집을 어렵게 하고, 러시아 특수기관들은 그 자료가 어떻게 새나갔는지를 집중 조사할 위험이 커진다.

이외 방법론적 과제도 있다. 특정 분쟁에서 도출한 교훈을 구체화하는 방법이다. 예를 들어 러시아 공작에서 부각된 취약점은 러시아에 우호적인 정보기관에게 접근방식을 바꾸라는 신호로 읽히게 되고, 나아가 그 기관요원들을 위험에 빠트릴 수 있음을 암시한다.

그래서 이 보고서는 이 같은 위험성을 감안, 특정 공작을 상세히 묘사하기보다 일반적인 패턴을 그리는데 중점을 두고자 한다. 아울러 러시아의 비정규전 수행의 취약점과 행위를 분석하는데 초점을 둔다.

◆ 무대 설치하기(Setting the Theatre)

우크라이나 침공과 일부 지역 병합에 대한 러시아의 계산은 전제조건에 대한 평가 없이 이해할 수 없다. 러시아는 우크라이나를 상대로 장기간에 걸친 비정규전을 통해 그 전제조건이 확립되었다고 믿었기 때문이다. 그 전략은 현장에 수십 년간 부식한 스파이 요원들이 마치 오케스트라를 연주하듯 일사분란하게 움직이는 것을 전제로 하고 있지만, 모스크바의 대부분의 자산들이 모집한 것과는 근본적으로 다른 정책이 적용되었다.

러시아가 기도한 우크라이나 패망 메커니즘은 우크라이나 내부를 뒤흔들어 조직을 무너뜨리는 것이었고, 이를 통해 정부와 군이 본연의 기능을 하지 못하도록 하는 것이었다. 정부에 대한 국민들의 신뢰도 떨어뜨리고, 국가 안정도 불안하게 하여 다른 나라들이 우크라이나에 대한 원조도 줄이는 것이었다.
러시아 군은 이런 조건이 갖추어졌다고 보고, 조직화된 저항도 별로 없고 오래가지 못할 것으로 전망했다.

러시아가 우크라이나와의 전쟁에서 보여준 병참 부족, 연료와 탄약 부족, 장거리 수송 취약점, 항공 기습 공격에 대한 허술한 방어 등 이 모든 것은 우크라이나 전쟁 장기화에 전혀 대비하지 않은 때문이다. 극히 일부만이 참여한 기획자들은 2014년 성공적인 크림반도 점령의 데자뷔 정도로 생각했다. 그 당시 우크라이나의 군사적 저항이 거의 없다는 전제하에 계획을 수립하여 군사적 관점이 반영될 여지가 없었다.

생생한 사례가 Mi-24 전투용 헬리콥터 11대와 8대의 Il-76 군 수송기가 우크라이나 영공을 침범하여 크림반도로 수송했음에도 우크라이나 공군은 하늘만 쳐다보았다. 당시 우크라이나 합참의장이 명령을 내리길 거부한 때문이다.

러시아 공정부대(VOV)가 2022년 키이우 근처 공항에 착륙을 시도한 것이 이 논리를 적확히 반영한 사례다.

◆ 러시아의 스파이망(Russia 's Agent Network)

우크라이나 침공에 핵심적인 역할을 한 FSB는 2021년 7월 경 우크라이나를 점령하기 위한 계획을 준비하도록 지시를 받았다. 이를 전담하는 부서로 FSB 제5총국은 공작 정보처에 제9 섹션을 설치했다가 Directorate(특정활동을 책임지는 부서)로 변경한다. Major General 이고르 추마코프(Igor Chumakov)에게 정보보고 하는 요원도 20명 수준에서 200여명으로 대폭 증원되었다.

제9국(Directorate)은 소련 시절 주정부에 맞추어(oblast-facing) 편제를 짜되, 우크라이나 의회를 주목표로 한 thematic sections(공작 내용별로 팀을 구성, 예: 기관팀)과 호흡을 맞추도록 했다.

공작정보처의 역할은 기획, 목표 설정, 정보관리가 주된 임무였다. 핸들러(정보원 조종관)가 첩보요원에게 우선적으로 할당해야할 임무 등. 그 요원은 FSB 제5총국(Fifth Service)로부터 반드시 직접 지시를 받지는 않았다. 우크라이나 점령계획의 경우, 제9국(Directorate)은 스파이망을 구축하거나 가동하는 임무는 맡지 않았지만, 우크라이나 전역에 러시아 특수부대가 접근할 수 있도록 상세한 밑그림을 그렸다.

그리고 기존 부식된 정보요원들이 침공에 이어 점령한 뒤 활동 방법에 관한 계획을 수립했다. 이 공작계획에 수립되자 첩보원의 핸들러에게 첩보원이 해야 할 임무에 관한 지침을 줄 필요가 있었다. 이렇게 하려면 한번쯤 회동해야만 했다. 그래서 2021년 가을, 우크라이나에서 활동 중인 러시아 첩보원들은 터키/사이프러스/이집트 소재 리조트에서 휴일 브리핑을 하면서 핸들러들을 비밀리에 접촉했다.

러시아 특수부대가 선호하는 수법은, 러시아에서 직파하는 요원들을 최소화하고 현지에서 고참 첩보원을 포섭하여 자신만의 첩보망을 가동하는 것이었다.

하부 협조망을 구축한 시니어 요원(agent-gruppovod) 활용 수법은 구소련시절 매뉴얼과 제1총국(the First Chief Directorate, 해외정보국) 지침에 잘 나와 있으며, 지금도 SVR, FSB 제5총국(Fifth Service)과 러시아 연방군 총참모부 본부(the Main Directorate of the General Staff of the Armed Forces of the Russian Federation, GRU) 등이 이 수법을 이어가고 있다.

포섭한 인물이 정치적으로나 경제적으로나 조직 내에서 고위급이면, 러시아 요원이 아닌 러시아 이익을 앞세우는 개인적 고객을 포섭하는 형태를 띤다. 이것은 거짓 깃발 포섭 형태로서, 포섭된 협조자들은 자신의 나라 관료를 대신해서 임무를 부여받았다고 믿는다. 그 임무가 모스크바에서 고안한 것이라고 해도. 우크라이나의 경우, 여러 고관대작들과 정치인들이 수십년에 걸쳐 러시아 특수기관과 연계하여 이 역할을 수행했다.

우크라이나 러시아 정보요원들은 우크라이나 내부 불안정을 기도했다. 우크라이나 정보기관, 사법기관 및 다른 정부부처, 정당, 공공기구 및 범죄기구 등 대상을 가리지 않았다. 우크라이나 정보기관과 해외 파트너들은 이 첩보망 일부를 까발려왔다. 러시아 요원과 공작실상이 모두 드러난 것은 아니지만, 러시아 요원들은 우크라이나와 여타 주요국에서 적극적으로 공작활동을 계속하고 있다.

안드리이 데르카츠흐(**Andriy Derkach**)는 우크라이나 의회의 인민대표(People's Deputy)로서 오랜 기간 러시아인들과 함께 활동하며 러시아 이익에 부합되는 정책을 선도했다. 그는 1993년 모스크바에 있는 FSB의 전신인 FSK 아카데미를 수료하고 우크라이나로 돌아왔다. 부친은 KGB 고위 간부출신으로 수 년 동안 우크라이나 정보기관 SBU 책임자였다. 데르카츠흐도 수 년 동안 우크라이나 국영 원자력기업인 에네르고아톰(Energoatom) 책임자를 맡으면서 러시아의 핵산업에 의존하게 만든 여러 건의 거래를 로자톰(Rosatom)과 했다.

이를 첩보활동의 범주에 넣을 순 없지만 SBU는 그 당시 그의 행동에 깊은 우려를 갖고 당시 대통령 빅토르 이후스흐츠헨코(Viktor Yushchenko)에게 국가안보에 상당한 위협이 될 수 있다고 보고했다. 당시 Rosatom 책임자는 **세르게이 키리엔코**(Sergei Kirienko)로서 지금 러시아 연방 대통령실 제1부책임자로 있으면서 우크라이나 점령지에서 러시아와 기존 우크라이나 관리들과의 협조체제 구축에 주력하고 있는 인물이다.

우크라이나 정보기관들은, 우크라이나 핵에너지 산업이 러시아와 Rosatom의 이익에 부합하도록 영향을 미치는 것이 데르카츠흐의 친러시아 행동의 주목표였던 것으로 보고 있다. 이는 왜 데르카츠흐가 러시아 군 정보기관인 GRU의 조종을 받는다는 의심을 사고 있는지를 설명해준다. GRU는 핵산업과 Rosatom 관리에 최우선적인 책임을 지고 있다.

우크라이나의 핵에너지 인프라는 러시아 침공계획과 우크라이나 전쟁에 관한 대중들의 내러티브에서 주요한 역할을 했다. 핵발전소를 둘러싼 포격과 IAEA의 현장 실사 및 러시아/우크라이나 간 책임공방 등을 보면 그 내막을 좀 더 이해할 수 있다. 러시아는 우크라이나 침공 명분 중 하나로 우크라이나가 자체 핵무기를 만들 복안을 갖고 있었다는 억지 주장을 폈다.

그래서 러시아의 **'특별 군사작전'**의 임무 중 하나가 우크라이나를 비핵화시키는 것으로서, 핵발전소와 핵연구 시설도 장악하겠다는 의도를 표출했다. 이 작전을 위해 러시아 정보기관들은 핵시설 근무자를 포섭했는데, 시설 보안을 담당하는 팀도 포섭대상으로 삼았다.

데르카츠흐는 우크라이나와 미국과의 관계를 무너뜨리기 위한 영향공작에 참여하면서 러시아 첩보원임이 처음 노출되었다. 2019-20년 간 당시 페트로 포로셴코(Petro Poroshenko) 대통령과 바이든 부통령, 푸틴 간의 대화 내용을 상당 부분을 조작하여 공개 했는바, 이 내용 중에는 우크라이나 내정에 미국의 조직적인 간섭과 우크라이나 주재 미국 고위관리들의 부패상이 담겨 있었다.

2020-21년 미국 재무부는 **데르카츠흐**가 러시아 영향공작에 가담하고 미국 선거에 개입하기 위해 허위조작정보 살포단체를 조직한 혐의로 제재대상에 올렸다. 당시 데르카츠흐는 10여년 이상 러시아 첩보원으로 활동했다. 이와 더불어 우크라이나 의회 올렉산드르 두빈스키(Oleksandr Dubinsky), 올렉산드르 오니스흐츠헨코(Oleksandr Onishchenko), Prosecutor 코스티 안틴쿨리크(Kostyantyn Kulik), 전 검찰총장의 Assistant인 General 안드릴 텔리즈헨코(Andril Telizhenko)와 우크라이나인 3명 등도 제재대상에 포함했다. 이 그룹은 미국 정부에 영향을 미치려고 노력한 사람들이다.

영향공작 수단 중 하나는 우크라이나 의회의 **'반부패 그룹'**을 활용하는 것이었다. '반부패 그룹'은 우크라이나에 제공한 원조가 투명하게 배분되는지를 조사하는 기관이다. 반부패그룹 조사의 최종적인 목적은 우크라이나에 대한 국제원조를 줄이거나 중단시키는 것이었다. 우크라이나가 군사 ·기술적으로 미국과 같은 서방으로부터 지원받으면, 특히 미국과의 관계를 악화시키려는 러시아 특별영향 공작은 러시아 특수기관들의 꾸준한 최우선 공작목표가 될 수밖에 없다.

2022년 6월, SBU는 확보한 다량의 문건과 함께 데르카츠흐의 네트워크를 공개하면서, 그가 부여받은 대략적인 임무를 밝혔다. 2016년에 이미 GRU의 지시를 받고 있었는데, GRU 제1부국장인 General 블라디미르 알렉세에프(Vladmir Alekseev)와 GRU 총책인 Admiral 이고르 코슈투코프(Igor Kostyukov)의 조종을 받았다.

데르카츠흐는 민간보안회사에도 협조망을 구축하여 러시아 군의 길 찾기와 점령한 마을 통제 및 도착하는 러시아 군을 지원하려는 의도였다. 이를 위해 GRU로부터 매월 3-4백만 달러를 수수했다. 우크라이나 방첩기관은 조사 비밀 유지를 위해 데르카츠흐가 수행한 다른 공작활동에 관한 정보는 공개하지 않았다.

동시에 가장 중요한 러시아 정보요원 몇 명이 데르카츠흐와 친밀한 관계를 유지하며 우크라이나 고위급 관리(우크라이나 특수기관과 의회)를 포섭했다는 것도 밝혀냈다.

일례로 데르카츠흐가 에네르고아톰(Energoatom) 사장 시절 부사장이었던 SBU Major General **올레그 쿨리니츠흐(Oleg Kulinich)**는 2022년 방첩당국에 적발되어 구금되었다. 우크라이나 보안기관 책임자였던 쿨리니츠흐(Kulinich)는 국가기밀 데이터를 러시아 정보기관에 넘겨주는 한편 우크라이나 고위층을 상대로 영향을 행사하면서 특수기관 요원을 포섭한데 이어, 남부 우크라이나가 러시아에 점령당하는데 일조했다. 특히 우크라이나 정보기관들의 크림반도에 대한 러시아의 침공 준비에 관한 정보 수집활동에 딴지를 걸었다.

쿨리니츠흐(Kulinich)그룹의 주 임무는 국가안보체제 특히 러시아 첩보요원을 찾아내는 방첩능력 약화에 주안점을 두고, 우크라이나 군 및 정치지도자들이 우크라이나가 내외부적으로 직면한 위협실상을 오판하도록 하는 한편 러시아 정보기관에게 우크라이나 남부 방어시스템에 관한 정보를 수집 · 전달하는 것이었다.

세부적으로 부대 위치, 우크라이나 특수기관 근무자들의 개인 데이터, 가족, 러시아 점령지에서 활동하는 우크라이나 특수기관들의 협조자 등이었다.

쿨리니츠흐(Kulinich)는 러시아를 대신해서 영향공작 임무까지 일부 수행했다. 우크라이나 정부기관이나 SBU 조직 내 사람을 심어 각종 결정을 관리하려는 계산이었다. 그의 영향 덕분에 반역자로 의심받는 Brigadier General 안드리이 나우모우(Andrii Naumov)가 SBU의 대내안보 핵심부서의 책임자로 임명되었다. 이 부서는 모든 SBU 요원들을 감청하고 감시하면서 조사를 명분으로 SBU 요원에 대해 특별 조치도 할 수 있는 앙코 중 앙코 같은 부서이다.

우크라이나 사법당국은 체르노빌(Chornobyl) NPP의 보안 시스템에 관한 정보를 나우모우(Naumov)가 러시아 특수기관에 전달한 혐의로 기소했다.

체르노빌 NPP는 **나우모우(Naumov)**가 오랜 기간 운영관리를 맡았던 곳이다. 이 정보는 러시아 군이 체르노빌 NPP를 점령하는데 유용하게 써먹었다. 쿨리니츠호(Kulinich)는 자신의 영향력을 활용해서 나우모우(Naumov)를 SBU의 제1 부국장(First Deputy Head)로 가게 하려고 애를 썼다. SBU의 방첩활동 부서를 통제하려는 심산이었다.

나우모우(Naumov)는 러시아의 침공이 임박하자 우크라이나를 탈출했다가 세르비아에서 2022년 6월 체포되었다.

세르비아 국경을 넘으면서 출처가 의심스러운 현금을 엄청나게 갖고 있었다.

쿨리니츠흐(Kulinich)는 존엄의 혁명(the Revolution of Dignity) 31)이 발발하자, 우크라이나 국가안보 및 방위위원회 전 사무총장, 우크라이나 전 부총리 블로디미르 시후코비츠흐(Volodymyr Sivkovich)와 접촉한 뒤 우크라이나를 떠나 러시아에 영구 망명했다.

쿨리니츠흐(Kulinich)가 **시후코비츠흐(Sivkovich)**를 통해 FSB로부터 하달 받은 또 다른 임무는 우크라이나 고위 지도층에게 영향력을 행사해서 나토가입 추진을 포기하고 중립적 지위를 유지시키는 것이었다. 나토가입이 거부되면 2014년 '존엄의 혁명' 같은 대규모 반정부시위가 일어나 당시 대통령 **이아누코비츠흐**(Yanukovych)가 EU 가입을 거부한 것처럼, 이와 유사한 결과를 얻을 것으로 러시아 정보기관은 예측했다. 러시아 정보기관들은 대규모 시위를 촉발시켜 우크라이나 내정을 불안하게 하고 정부와 군 행정을 마비시켜 러시아의 군사적 침공에 대비하려는 속셈이었다.

2022년 1월 폭력 시위촉발 조건을 셋팅하는 임무는 2022년 1월 내무부가 전 SBU 알파부대 멤버이자 우크라이나 국가경찰 이우루리 골루반(Yuriy Goluban)대령을 체포함으로써 만천하에 드러났다.

---

31) 존엄의 혁명 혹은 2014년 우크라이나 혁명은 2014년 2월 18일 키이우에 2만 명의 시민이 우크라이나 헌법을 2004년 헌법으로 되돌릴 것을 요구하면서 촉발된 유로마이단 시위에서 시작되었다. 75명이 죽고 1100명이 다쳤다.(출처 : 구글)

골루반(Goluban)은 2014년 도네츠크 SBU 알파부대 지부에 근무하면서, 도네츠크 인민공화국 전투부대 '보스토크(Vostok)'에 대한 지휘의 일환으로 친러시아 민병대에 가담했다. 하지만 이런 짓을 철저히 감춘 뒤 우크라이나로 돌아와서는 국가경찰에 복무했다.

침공을 앞두고 우크라이나 사법당국은 키이우와 다른 oblast (옛 소련시절 주정부) 3곳의 시위촉발자금 수수 혐의로 기소했다.

만약 이 계획을 내버려두었다면 극우 상징물들이 널리 퍼지고, 시위대들은 러시아 위협에 제대로 대처하지 못한 정부를 비난하는 시위를 벌였을 것이다. 음모는 시위대 속에 돈 먹은 범죄자들과 에이전트를 침투시켜 경찰과 폭력적으로 대결하여 시위를 가열시키려는 것도 있었다. 시위대를 극우쿠데타로 포장하여 침공을 정당화하는 한편 늘 하던 수법대로 우크라이나 저항전선 내부에 불안요소를 부식하고자 했다.

동시에 러시아인들은 친러시아 깃발을 휘날리며 우크라이나 내부를 불안하게 하고 거리시위를 확산시킬 수 있는 여건을 만들어나갔다. 늘 하던 대로 중앙정부에 반대하는 극단주의자들에 접근하여 극단화를 꾸준히 부추기는 것이다. 이 모든 것들은 OPPZZH 당의 리더인 빅토로 메드베츠흐츠후크(Viktor Medvechchuk)를 둘러싼 그룹과 오케스트라 연주하듯 짜 맞춘 것으로 빅토르 츠흐르니이(Viktor Chornyi)와 리아 키바 (llya Kiva)와 같은 의원 수명이 가세했다.

키바(Kiva)는 2019년 친러시아 그룹에 가담하기 전에 급진적인 우크라이나 민족주의자로 자처하며 공격적인 러시아포비아인 것처럼 행세했다.

'존엄의 혁명'이 터진 직후 키바(Kiva)는 준군사 조직인 Right Setor의 지도부에 합류했으며, 국가경찰에 들어간 지 얼마 되지 않아 반마약밀매 부서 및 내무부 노동조합장을 맡았다. 2020년 메드베츠흐츠후크(Medvechchuk) 그룹의 일원으로 '생명을 건 애국자들(Patriots for Life)'이란 조직을 창설, 회장을 맡았다.

그 조직은 무술 클럽, 마약밀매자 등 범죄자, 경찰특공대 출신들로 구성되었다. 근간은 우크라이나의 Combat Sambo Federation 대표들로서, 소비에트 특별 무술 단체의 경우 **메드베츠흐츠후크**(Medvechchuk) 자신이 명예회장을 맡았다.

이 조직은 경천동지할 사건이 벌어지면 시위를 촉발하여 우크라이나의 정치 사회적 상황을 급진화시키는 것을 목적으로 하는데, 필요시 친우크라이나 조직과의 폭력적 대결도 불사한다. 2022년 2월 러시아가 침공한 이후 이 조직의 멤버들은 불법적인 지위 상태에서 러시아 침공을 지지하는 러시아 정보기관들의 다양한 임무를 조력했다. 러시아는 2014년 크림 반도 점령을 앞두고 유사한 수법을 구사했었다.

운동선수, 범죄자, 사법경찰관 등으로 구성된 Oplot 같은 조직은 이아누코비츠흐(Yanukovych) 정권 반대자를 상대로 폭력을 휘두른바 있으며, 후에 도네츠크에서 러시아 대리 세력을 형성하는데 기초가 되었다. 메드베츠흐츠후크(Medvechchuk)는 보안회사와 탐정기관을 운영했는데, 빅토르 츠흐르니이(Viktor Chornyi) 의원이 이 그룹이 나아가는 방향에 대해 책임을 지고 있었다.

나우모우(Naumov)가 세르비아 국경에서 체포될 당시 기 알려진 밀수업자와 여행하고 있었다는 사실은 우크라이나에서 러시아 첩보망이 광대역처럼 얼마나 널리 퍼져있는지를 웅변해준다. 우크라이나 정부 내 고참 정보요원 아래 이를 따르는 광대한 조직체가 있었다. 이 조직체는 정찰에서부터 자금· 장비. 안전가옥 셋팅에 이르기 까지 다종다양한 기능을 수행했다. 러시아에 충성하는 우크라이나 시민들도 끼어 있는 경우도 있었지만, 대다수의 경우 미심쩍은 사람이 범죄단체에서 끌어온 에이전트에게 돈을 지불했다.

전면적 침공에 앞서 수년 동안 우크라이나 국경경비대는 러시아 요원들과 밀수업자들이 우크라이나 국경 전역에 걸쳐 결탁되어 있음을 눈치 챘다. 하지만 지원 조직체는 은밀하게 활동할 필요가 없었다.

한 예로 현금 이동은 러시아 동맹국들의 외교행랑을 수월하게 이용하면 되었고, 우크라이나 러시아 에이전트들이 소유한 기업을 통하면 간단하게 해결되었다. 그 기업의 일부 노동자들은 공작자금으로 흘러가도록 채널을 만들기도 했다. 지원 조직체들이 러시아의 침공계획에서 크게 중요하지 않다고 하지만, 우크라이나 땅에서 러시아 요원들이 지속적으로 행동하는데 중대한 '행위자' 역할을 한다는 것을 눈여겨 볼 필요가 있다.

그 대표적인 단체가 **러시아 정교회**이다. 정교회 주교들은 러시아 정보공작을 지원하는 것은 물론이고 나아가 상당수가 러시아 정보기관들에게 포섭되어 활동한다. 교회를 정보요원들의 장비를 은닉하거나 은신하는 안전가옥으로 제공하기도 한다. 신분위장 방법으로 종교를 이용하는 것은 러시아 정보기관이 전가의 보도처럼 써먹던 수법이면서 한편으로 자신의 보호 메커니즘으로 활용한다. 종교단체를 국가적인 목표를 위해 타깃으로 삼는다는 비판을 의식한 때문이다. 이런 이유로 우크라이나 당국이 침공을 당한 후에도 한동안 이런 부류들의 활동을 제어하지 못했다.

이런 다종다양한 노력들은 2014년 러시아로 도망간 전 우크라이나 국가안보 및 방위위원회 부위원장이었던 **볼로디미르 시우코비츠흐**(Volodymyr Sivkovich)가 꾸며 놓은 것이었다. 2022년 1월 20일 미 국무장관 블링컨은 시우코비츠흐(Sivkovich)를 콕 집어 우크라이나 내 고위 첩보원들을 조종하며 FSB 계획을 실행하는 중심적 인물이라고 지목했다. 시우코비츠흐(Sivkovich)는 FSB 제9 Directorate 이고르 추마코프에게 직접 보고하는 우크라이나 고위 관료들을 조종하는 핸들러(조종관)로 활동한 것으로 보인다.

◆ 러시아 첩보망의 강·약점 평가(Assessing the Strength and Weakness of the Network)

러시아의 일정한 노력에도 불구하고 우크라이나 정정불안 계획이 수포로 돌아갔음을 유념할 필요가 있다. 러시아 국가기관 소속의 파워풀한 요원들이 함께하고 우크라이나 내정을 흔드는 구조를 구축했음에도 우크라이나의 정치적 위기 유발에 실패했다. 전면적 시위 촉발에 필수적인 촉매를 확보하기가 쉽지 않았다는 것이 첫째 원인 이었다.

젤렌스키 대통령은 갖가지 압력과 압박에도 불구 우크라이나의 나토 가입 카드를 버리지 않았고, 대다수 우크라이나인들이 수용할 수 없는 것을 러시아에게 양보하지 않았다. 둘째, 정보 공유 측면에서 서방 정보기관들이 러시아의 침공 준비 상태와 우크라이나 내정을 흔들려는 공작과 그에 관여한 사람 등에 관한 정보를 실시간으로 전달했다는 점이다. 그러한 음모를 만천하에 공개함으로써 러시아의 의도는 상당부분 무산되었다. 고위 정보간부들이 여건이 성숙되지 않았음을 이유로 2022년 여름까지 우크라이나 침공을 보류하도록 건의했음에도, 푸틴은 침공을 강행했다.

러시아는 우크라이나에 정주하는 전직 우크라이나 고위 관리들의 말을 신봉했다. 이들은 여전히 우크라이나 정치에 영향을 미치면서 침공강행을 밀고나갈 명확한 동기가 있었다. SBU가 입수한 정보에 의하면, 이아누코비츠흐 정권을 대표하는 자들은 러시아 특수기관들에게 정례적으로 협조했다. 전 국방장관 파울로 레베데우(Pavlo Lebedev), 전 SBU 총책 올렉산드르 이아켄멘코(Oleksandr Yakymenko), 전 내무장관 비탈리 자크하르츠헨코Vitaly Zakharchenko), 전 대통령실장 안드리이 클리우에우(Andriy Klyuev) 등이다.

이들은 정부기관에서 수년 간 일하면서 자신의 첩보원을 정부기관 곳곳에 거리낌 없이 부식하여 관심 있는 정보라면 가리지 않고 수집했다.

그럼에도 필요충분조건이 결여된 상태에서 침공을 결정한 것은 두 가지를 시사한다.
첫째, 러시아 첩보원들이 우크라이나에 대한 자신의 영향력을 과장했을 가능성이다. 둘째는 러시아 특수기관들이 실현성을 평가하기보다 시한에 맞추어 점령을 수월하게 하도록 지시해왔다는 사실이다. 다른 말로 하면 1차 국면이 계획대로 진행되지 않았다고 하더라도 다음 단계로 밀고나간다. 맨발로 밤송이를 까라면 까야하는 것이 특수기관들의 문화여서 상부에 현장 상황에 대한 정직한 보고를 하길 기피한다.

침공 마지막 순간까지 러시아 첩보원들은 우크라이나 내정 흔들기를 준비했지만, 실상은 행위주체 마저 준비되지 않았고 장기적이고 전면전쟁을 치루는 상황에서는 맞지도 않았다.
일례로 우크라이나 내부 깊숙이 잠복한 사보타지 그룹의 경우, 침공 후 무고한 시민에 대한 범죄로 러시아에 대한 태도가 바뀌었다. 일반 시민 뿐 아니라 친러시아 단체도 마찬가지로 동요했다. '생명을 위한 애국자들(the Patriots for Life)'같은 조직의 일부 멤버들은 공개적으로 러시아의 침공을 비난했다. 유사한 과정이 2014년 크림반도 침공 당시에도 있었다. GRU와 FSB가 크림반도 침공 이후 은밀히 구축한 보훈단체는 대부분 우크라이나에 충성하면서 흔쾌히 무장 세력에 합류했다.

러시아 정보요원들은 우크라이나 정부 기관 내 고위층을 포섭해서 침투했다. 이런 침투는 그 조직 내의 많은 추종자들을 움직이기 용이했고 러시아의 이익을 위해 활동한다는 인상도 주지 않았다. 그 네트워크의 중핵에는 역사를 공유하며 서로 협조하는 고위관리가 자리 잡고 있었다. 그럼에도 FSB가 실패한 이유를 이해하는 게 중요하다.

많은 사람들은 우크라이나가 내부적으로 쪼개질 것으로 기대했지만 그런 일은 일어나지 않았다. 상당수의 첩보망은 붕괴되고 핵심 멤버들은 잡혀갔다.

러시아의 수법을 관찰해 보면 장·단점이 드러난다. 고위 정보요원 조차 침공계획을 자세히 알지 못한 듯하다. 극소수의 계획 입안자들이 기획 내용을 틀어쥐었기 때문이다. 그들이 홍수같이 질의한 것에서 추측한 것이며, 침공계획을 읽어보았다는 증거는 아니다. 주요 첩보원을 통제하는 요원 대다수는 별로 아는 것이 없었다. 침공에 앞서 러시아 요원들은 우크라이나 내부에 광범위하면서도 굳건한 첩보망을 유지했다고 주장할 수 있다.

러시아 특수기관을 지원하는 활동을 우크라이나 관리들의 지시를 따르는 것으로 생각했을 수도 있다. 러시아 정보요원을 대신하여 이 같은 불법적 행동을 자행한 사람들은 금전적 동기 때문에 가담하는 경우가 흔하다.

우크라이나 경찰관이 다른 부서에 정보를 전파하면서 금전을 수수하는 위험성은 무시되고 내심 환영받는 면도 있다.

러시아 요원들에게 닥친 문제는 전면 침공으로 인해 자신이 협조자로 **포섭되었는지 모르는 협조자(unwitting agent)**와 거짓 깃발 작전으로 포섭된데다 이념적 신념마저 결여된 협조자 등이 러시아의 통제를 받으며 공작하는 것의 해로움을 판단하고 있다는 점이다.

한 예로 우크라이나 경찰관이 제공한 첩보가 러시아 탱크의 우크라이나 진입에 도움 되는 데 사용되었다고 치자. 이를 알게 되면 앞으로 러시아 요원을 위한 활동을 기피하고, 금전적 대가보다 발각될 경우 자신이 처할 위험성을 더 크게 느끼게 되는 것이다. 러시아와 우크라이나 국경을 오가면서 장사 등을 하되 별로 해를 끼치지 않은 범죄자들은 공격받으면 자신의 가족만큼은 보호해야겠다는 생각을 한다.

그래서 많은 첩보망들이 침공 초기 적절한 역할을 하지 못한 것이다. 첩보망에 대한 신뢰도 약화는 러시아 군이 조기에 목표물을 장악했다면 별로 문제되지 않았을 것이다.
시나리오 상으로 되었으면 러시아군이 우크라이나 주요 도시를 장악하고, 핵심 지휘요원(principal agent)은 직접 가동하는 첩보망에게 명확한 지령을 했을 것이다.

리스크와 보상을 비교하며 수지 타산하는 것은 협력 수준을 결정하는 요소가 된다. 그래서 러시아 군이 목표물 장악에 실패함에 따라 많은 첩보망들은 현장에서 얼음처럼 얼어붙어 뒤늦게 활동하거나 와해되었다. 협조자들은 러시아와 일해야 할 동기를 상실하여 핸들러와의 관계를 깬다.

많은 요원들이 현장에 있으며 첩보망 와해를 지켜보면서도 아무런 지령을 하지 못했다.

FSB의 계획은 물리적으로 해당 지역 통제를 전제로 하고 있어 무의식 협조자들을 통제하기 위한 명령을 거의 할 수 없었다. 러시아 계획이 틀어지기 시작했다고 해서 완전히 결함투성이인 것은 아니었다. 러시아는 점령한 지역에서 충분할 만치 협력체를 구축하여 통제력을 발휘하고 방첩기구를 왕성하게 가동했다.

◆ 활성화 계획(The Plan of Activation)

러시아가 자신들의 스파이망을 어떻게 사용하는지를 상술하기 전에 그 스파이망이 우크라이나 점령을 기도한 방법을 이해하는 것이 중요하다. 이유는 러시아가 우크라이나라는 국가를 잡아먹으려고 기도한 의도에 대한 이해 없이는 러시아 침공 계획에 관해 감 잡기 어렵기 때문이다. 러시아 군이 경험한 어려움은 러시아 기획자들이 기대한 것을 평가하지 않고는 이해하기 어렵다.

2022년 2월 24일 러시아 군이 우크라이나 국경을 넘었을 때 동부 군 방위군은 크로노빌 NPP를 지키려는 우크라이나 국경 수비대의 반격에 직면했다. 그 부대는 핵발전소 안전 책임자인 발렌틴 비테르(Valentin Vitter)를 접촉, 조언을 들었다.

발렌틴 비테르는 우크라이나가 러시아에 비해 군사적으로 열세이므로 자신의 생명과 동 시설을 살린다는 의도로 항복을 권유했다. 그 시설은 피한방울 흘리지 않고 러시아군 수중에 들어갔다. 이 사건은 유일한 것이 아니라 전쟁 초기 우크라이나 남부 전역에서 벌어졌던 일이다. 유사한 과정이 우크라이나 전역에서도 벌어졌지만 효과는 별로였다.

침공 초기 몇 시간 동안 고위 러시아 관리가 우크라이나 카운트파트에게 전화를 걸어 유혈을 피하기 위해 굴복을 강요했다. 한 예로 러시아 대통령실 부실장인 **드미트리 코자크**(Dmitry Kozak)는 우크라이나 내부에 첩보망 구축에 간여한 인물로, 우크라이나 대통령실에 전화를 걸어 항복을 촉구했다. 2022년 2월 25일 푸틴은 공개적으로 우크라이나 군에게 저항하지 말라면서 반란을 일으키기보다 종전협상 하자고 제안했다. 2월 26일 벨라루스 국방장관도 우크라이나 국방장관에게 전화를 걸어 항복 제안을 받도록 종용했다.

이전에도 벨라루스 국방장관은 의도를 감춘 채 우크라이나 정부를 기만하려는 러시아의 광범위한 사기 작전에 가담했다. 우크라이나 국방장관 **레즈니코우**(Reznikov)에게 "자신은 러시아 군이 벨라루스 국경을 가로질러 진군하는 것을 허용하지 않겠다"고 안심시켰다. 침공 3일 동안 평소 카운트파트 이거나 친분이 있던 러시아쪽 인사들로부터 메시지나 전화를 받지 않은 우크라이나 군 장성은 거의 없었다. "피를 흘러서야 되겠느냐"는 톤으로. 우크라이나 고위관리들도 마찬가지였다.

이런 원거리 회유에 관한 기록을 보면, 러시아의 행위는 우크라이나 고위급 수준에서 항복을 끌어내려는 심산이었음을 시사한다. 이는 패배 메커니즘에 대한 명백한 오해였다. 우크라이나의 전면적 항복을 기대했을 지라도, 러시아가 우크라이나를 침공하면서 기대한 가정은 고립된 지방자치단체들이 항복하고 이어서 중앙부처의 마비를 전제로 한 것이었다. 러시아는 탑다운 식의 군대문화가 우크라이나에도 동일하게 적용될 것으로 본 것이 잘못이었다.

사실상 러시아 첩보원이었던 우크라이나 중간 간부들이 침공 초기 메시지 수신을 중단하거나 자신의 지위를 버리는 한편 중앙정부로부터 전술 부대로 이어지는 명령 체인을 단절해버린 것이다. 젤렌스키에게 우크라이나를 떠나라고 하고 관료조직을 향해 다양한 제안을 한 것은 중앙부처를 마비시키는 결정을 하게 만들려는 의도였던 것이다.

그러는 동안 러시아 첩보요원들은 지역 지휘관과 관료들이 저항하지 않도록 하는데 주력했다. 그들은 자신들이 러시아를 대신해서 말하는 방식으론 성과를 달성할 수 없었지만, 우크라이나인들의 생명을 구하고 러시아와의 군사적 열세를 거론하는 방식을 택했다. 목적은 러시아 군대가 주요 요충지를 장악할 수 있을 정도의 시간을 벌고 우크라이나군의 반격을 늦추는 것이었다. 이런 프레임 하에서 저항한다고 해도 간헐적이며 고립된 상태에서 할 수 밖에 없다.

이런 맥락에서 보면 남부 우크라이나에서 러시아 침공모델의 전형을 볼 수 있으며 그곳에선 상당한 성공을 거두었다.

나아가 러시아 첩보원들의 임무가 우크라이나 부대를 저항하지 않도록 하고 준 마비 내지 항복하게끔 하는데 있었기에 우크라이나 정부쪽에 일하던 사람들은 러시아에 협력하기보다 그만두는 길을 택했다. 점령되기 전에 쿠데타나 직접적 행동에 간여하기보다 점령된 후에 자신들을 수면아래에서 드러내려는 의도였다.

러시아가 집중한 것은 저항을 국지화하고 파편화하려는 것으로 전쟁초기 사이버전과 사이버 공격행위에서 잘 알 수 있다.
최초의 공세는 우크라이나의 중요 국가 인프라를 타깃으로 하거나 시스템에 직접적 타격을 주기보다 커뮤니케이션 시스템을 무력화하는데 모아졌다. 대체로 성공적이지 못했다. 이유는 우크라이나 특별 커뮤니케이션 및 정보보호부서가 대응을 잘했던 탓이다. 성공적인 공격 사례도 있었다. **비아사트(Viasat)**라는 통신회사를 공격하여 침공 첫날 커뮤니케이션 시스템을 무너뜨림으로써 이 작전의 전형을 보여주었다.

러시아는 정보전에서도 일부 성공했다. 우크라이나 나머지 지역을 수호하기 위해 동원된 시민들을 겨냥, 거짓 내러티브를 내보내 우크라이나 공동체를 흔들었다. 이런 내러티브들은 사보타지 그룹과 침투자들이 광범위하게 퍼져 있음을 강조했다.

일례로 러시아는 우크라이나 소셜미디어에 메시지를 발송하여 시민들에게 의심스러운 빌딩 마킹을 보고하도록 했다.

그 결과, 우크라이나의 사법 능력을 떨어뜨리는 **가긍정적 판단** **(false positives**: 거짓을 긍정적으로 판단하는 것)이 홍수를 이루었다. 이는 전쟁이전부터 지속한 책략이었다. 러시아 특수기관들은 우크라이나 사법당국을 겨냥하여 거짓폭탄을 끊임없이 퍼부었기 때문이다.

마지막으로 중대한 요소는, 방해·고립·조건부 항복을 받아내려던 러시아의 당초 계획이 차질을 빚게 된 곳은 우크라이나 방공시스템이었다. 하늘 길을 이용, 우크라이나에 공급하여 전력을 보강하는 것이 중요하므로 이를 억지해야만 했다. 더구나 방공산업에 대한 타격은 쇼크인데다 굴복을 강요하는 무시무시한 가치를 지니고 있었다. 러시아는 군사작전을 기획할 경우 재래식 방법을 한 수단으로 삼는데, 이는 VKS가 주도하는 우크라이나 방공산업을 파괴하는 것이었다.

크루즈 미사일과 탄도미사일을 이용하여 퍼붓는 방법이다. 남부지역에서 구식 우크라이나 방공시스템이 거의 유명무실해지는, 적지 않은 성공을 거두었다. 러시아는 몇 시간 동안 우크라이나 방공 시스템을 와해하고 활동을 둔화시켰다. 어떤 지역에선 24시간 지속된 곳도 있었다. VKS는 이런 미션에 대해 장비도 부족하고 훈련도 별로 하지 않아 효과적으로 대처하지 못했음에도 우크라이나는 이틀 후 재건했다. 러시아 지상군이 72시간 내 요충지를 점령했더라면 이런 일은 문제가 되지 않았을 것이다.

나토와 우크라이나 군의 전투궤적에 대한 군사적 평가가 정확하지 못한 큰 이유는 “러시아 군은 면밀히 계산해서 군사적

도발을 한다"는 잘못된 가정에 뿌리를 두고 있기 때문이다.

일례로 철도와 병참 인프라가 공격 목표물이 될 것으로 가정했다. 목적은 우크라이나 부대를 한 곳에 묶어두어 고립시키는 것이었지만, 전쟁 발발 3일 동안 단 한차례의 공격도 없었다. 러시아가 비정규전 승리를 전제 군 병력을 배치했기 때문이다. 러시아 지도부가 필수적 전제조건을 수립하지 않고 침공을 감행했는지 여전히 의문으로 남는다. 순전히 푸틴 개인의 전략적 실수 때문인지도 모른다.

러시아는 침공 후 할 일에 상당 부분 맞추어져 있었다. 점령지에서의 상세한 대테러 체제는 다음 섹션에서 상술하겠다. 수도 키이우 점령에는 실패했지만, 특수부대를 동원하겠다는 내용이 당초 점령 계획에 포함되어 있었다. 애초 러시아는 72시간 내 키이우를 점령할 계획이었다. 선두 부대가 키이우로 진입하는 주요 루트를 장악하고 공정부대를 호스토멜(Hostomel) 공항에 투하하여 키이우 주요 지역을 장악한다는 복안이었다. 도시 주요 섹터에 저지선을 설치하여 주민 이동을 통제하고, 정규군은 이동하여 도시를 수색하고 고립시키는 한편 도시외곽을 통제하고 우크라이나 군의 병력 보충 등을 저지한다는 것이었다.

이 부대 뒤에는 러시아 특수부대(SSO)가 따라오고, 체첸에서 활약했던 **로스그바르디아**(Rosgvardia)를 포함해서 억압작전을 수행한다는 것이었다. 요충지를 장악하는 이 부대의 임무는 개전 국면에서 군사기지를 대상으로 사보타지나 저강도 침투를 하는 이유를 설명해준다.

이는 이전 전쟁에서도 널리 구사했던 러시아의 표준 군사 교리의 일부분이다. 대신 대부분의 **스페츠나스**(Spetsnaz)는 전투부대에 앞서 미리 파견되어 정찰임무를 맡았고, 특수부대가 배후에서 싹쓸이할 의도를 갖고 있었다.

러시아는 몇 시간 내 승리한다는 자신감이 충만하여, 지원기구들은 요충지 주변에 아파트를 빌려 특수부대가 키이우에서 작전하는 것을 뒷받침할 복안이었다.

키이우를 점령했다면 서로 연관된 3가지 방향으로 작전을 전개할 계획이었다. 지역 협조자를 이용해서 러시아 SSO들이 행정기관과 의회 지도자를 체포하도록 안내하는 것이었다. 체포가 되었으면 재판 쇼를 벌일 가능성이 있었다. 카디로우치(Kadyrovtsy)는 애국적 저항단체를 조직하거나 2014년 **'존엄의 혁명'**과 연관된 우크라이나인들을 사냥하는 일에 간여했을 것이다. 이렇게 되면 정말 더러운 전쟁이 될 것이고 2000년 가을 그로즈니(Grozny) 몰락에 따른 체첸반군과의 전투와 비견되었을 것이다.

그 노력의 제3전선은 주민 해방이다. 이는 커뮤니티를 어떻게 고립시키느냐에 좌우된다. 들어오고 나가는 것이나, 민간 인프라 내에서 자연적인 choke points(사슴의 목을 장악한 곳)을 통해 커뮤니티를 고립시키는 것이다. 고립된 지역 내에서 로스그바르디아(Rosgvardia)는 시민들의 저항이나 시위를 관리할 것이다. 시위를 반드시 폭력적으로 다스릴 필요는 없지만, 카디로우치(Kadyrovtsy)는 시위 조직자들을 파악하여 타깃으로 삼을 것이다.

나아가 SSO와 VDV는 우크라이나 중앙은행, 수도 시설, 의회 등을 장악하는 임무를 맡았다. 의도는 **빅토르 메드베드츠후크**(Viktor Medvedchuk)와 러시아가 구축한 의회 내 파벌이 평화운동을 펼쳐 우크라이나인들의 생명을 살린다는 명분으로 항복하도록 하려는 것이었다. 이를 거쳐 국회와 지방의회 및 지방행정기관을 완전 장악한다는 계획이었다. 문제로 보이는 지역에서 권력층과 시설 및 금융의 이탈은 고립 지역을 지속적으로 불안정하게 하거나 흔들게 될 것이다. 이런 맥락에서 평화 주창자들과 지방정부에서 일하려는 사람들은 첩보망의 일부일 가능성이 많다.

이 계획의 문제점을 SVR(러시아의 해외정보부서)의 레셰트니코프(Reshetnikov) 중장이 잘 요약해준다.
"계산 잘못은 대부분 정치적이며 군사적인데서 비롯된다."
즉 적에 대한 과소평가, 특정 지역의 기능과 분위기에 대한 몰이해 등이 그것이다. 그러면서도 정당화하지 못하는 희망까지 선보였다.
"우리는 키이우, 크하루코우(Kharkov)에 진입해서 합법적으로 우크라이나 대표권을 장악할 것이다."

하지만 러시아 점령지에서 무슨 일이 벌어졌는지는 아래에서 상술하겠다.

◆ 우크라이나 내에서 비정규전 (The Unconventional War in Ukraine)

러시아의 전쟁 준비 상태, 우크라이나에서의 작전 수행 능력의 정도, 이를 개념화해서 전장에 적용 방법 등을 종합해보면, 실제 이런 계획들이 펼쳐진 방법과 러시아 특수부대의 양태 및 수법에 관해 배운 교훈을 대략적으로나마 그려 보는 것이 가능하다.

이를 위해서는 3가지 파트를 고려해야 한다. 1) 점령지에서 방첩체제의 기능, 2) 전투 시 특수작전부대와 비정규군의 활용, 3) 전투와 관련한 정보의 수집, 분석, 배포 등이다.

점령지에서의 방첩 체제(The Counterintelligence Regime on the Occupied Territories)

러시아는 자신들이 장악한 지역에서 사전에 세운 점령계획 대로 움직였다. 러시아 옛 주(oblast) 점령할 목표로 FSB는 Temporary Operational Groups(TOGs, 임시작전 그룹)을 조직하여 점령지 통치기구 ·방첩기관과 협조해서 일하도록 임무를 부여했다. TOG는 FSB 제5국 산하 제9 작전정보처 담당관의 지휘를 받았다.

여러 부서에서 차출된 요원들은 행정적으로 관리해야할 오블라스트(oblast)를 맡았다. 이들은 우크라이나에서 가명으로 활동했다.

대체로 부국장급 직책을 가지면서 여러 FSB 부서를 대표하는 핵심지휘관들 바로 밑에 있는 사람들로서, 인프라 보호책임을 맡은 방첩· 군사방첩 및 FSB의 관련 부서에서 근무한 사람들이었다. 그들을 지원하는 보좌진도 있었다. 개개의 TOG는 로스그바르디아(Rosgvardia) 부대에 배속되어 공공질서와 저지선을 사수하라는 임무를 받았다. 알파부대와 기습작전을 수행하는 특수부대, 체첸 테러를 진압했던 부대 등은 지배층 타깃 제거 작전을 수행할 심산이었다. 이는 체첸과의 2차 전쟁을 통해 체득한 경험이 도움 되었다.

점령지를 상당히 체계적으로 관리했다. 우선 러시아 군은 모든 형태의 기록물을 압수했다. 공공건강, 교육, 주거, 세금, 치안, 선거 및 지방 정부 기록 등 모든 것을 망라했다. 체르노빌(Chornobyl)과 자포리자(Zaporizhia) NPPs를 장악한 뒤 이 지역의 모든 하드 드라이브부터 압수했다. 개인적인 컴퓨터 사용기록, 보험가입자, NGOs 등에 관한 자료도 포함되었다. 이 데이터는 주거지, 거주민들의 상호관계, 우크라이나 정부와의 연계여부에 대한 지도를 그리는데 이용되었다. 거주민을 5개의 범주로 나누었다.

1그룹 : 우크라이나 민족주의를 애지중지하는 사람
2그룹 : 우크라이나 사법기관과 연계하여 저항행위를 지지하거나 저항단체를 조직하는 사람
3그룹 : 무관심자
4그룹 : 러시아 군에 적극 협조하는 사람
5그룹 : 주요 인프라를 가동하거나 통제하는데 필수불가결한 사람

TOG는 각 시마다 수비대 중 파견대 임무를 부여한 러시아 군으로부터 수비대장을 임명했다.

이 부대는 경찰서와 소방서와 같은 공공건물을 먼저 손에 넣고 구금/ 처리/ 조사 및 고문 시설을 갖췄다. 우크라이나 점령지 전역에 이런 시설을 설치하고, 이 시설이 전기 고문도 할 수 있는 고문 방으로 사용되었다는 사실은 우발적인 새디즘(가학주의)가 아니고 사전에 기획한 것이었음을 보여준다.

점령지내에서 방첩기관들은 각기 맡은 임무에 따라 활동했다. 공공시설/학교/공장 소유주와 같은 민간지도자들은 소환되어 TOG 대표와 만나 직무를 이행하면서 TOG에 협조하도록 강요받았으며, 교육기관의 경우 교과과정을 바꾸든가 아니면 사직을 강요받았다. 학교장이 자리를 비우면 러시아 점령군에게 협력하는 다른 교사들에게 이 자리를 넘겨주었다.

협력자가 없거나 협력자의 충성도가 의심되면 아예 러시아 사람으로 바꾸었다. 공공시설의 경우 인프라 사수를 책임지는 FSB 요원이 맡기도 했다.

점령지역 행정의 또 다른 파트는 타깃을 삼은 커뮤니티를 정보적으로 고립시키는 것이었다. 3가지 방법으로 진행했다. 첫째, 러시아군은 점령지역 주민들이 우크라이나 TV나 라디오를 듣지 못하도록 주파수를 재밍했다. 둘째는 통신 인프라를 우크라이나 인프라에서 떼 내어 러시아 인프라망에 연결하여 통신내용과 인터넷 트래픽을 모니터하는 것이었다. 셋째, 핸드폰의 각종 메타데이터를 분석하여 주민들의 커뮤니케이션을 모니터하여 다른 지역과 메시지나 전화를 주고받는 사람들을 우선적으로 추려내는 것이었다.

동시에 수비대들은 집집마다 가택 수색을 했다. 집들을 샅샅이 현장 조사해서 압수한 기록물과 실제 사람이 살고 있는지를 일일이 확인하려는 의도였다. 가택을 수색하면서 메달이나 유니폼을 보고 이전부터 우크라이나 중앙정부와 연계되었는지를 파악하고, 사진과 개인적 영향력도 조사하여 거주민들과의 상호 친밀도 등을 확인했다.

점령지 행정파트와 수비대는 전쟁 이전부터 러시아 특수기관들이 포섭해놓은 지역 사법 관리와 공무원들의 조력을 받았다. 전쟁 전부터 이런 사람들이 실질적으로 지방권력을 장악하고 이를 러시아에게 넘겨주리라고 예상했었다는 사실을 유념할 필요가 있다. 대다수의 타운에서 극소수의 포섭된 첩보원이 있었으나, 이들은 너무 신참이어서 기대한 만큼의 효과를 거두기 곤란했다.

한 예로 카르키우(Kharkiv)주 가운데 확인된 러시아 첩보원은 800여명으로 대부분이 지방정부에서 산림관할부서와 같은 곳에 근무하는 신참 공무원이었다. 겨우 100명도 채 안 되는 사법기관 관리들만이 협력했다. 그래서 러시아는 점령지를 관할하는데 이 사람들에게 별다른 기대를 하지 않았다.

대신 정보망을 구성하여 몇 가지 중요한 역할을 부여했다. 첫째, 문서보관소가 있는 곳을 알려주고 지역 커뮤니티와 이를 둘러싼 주변 것들에 관한 정보를 제공받았다.

둘째, 피난가지 않고 잔류하면서 협력하지 않는 공무원들의 업무수행에 관한 보고를 함으로써 우크라이나 중앙정부나 저항조직에 가담한 사람들에 비해 상대적으로 냉담한 사람들로 하여금 점령당국을 위한 깃발을 들게 했다.

한 예로 수석교사는 TOG측이 제공한 모듈에 따라 가르쳤는데, 동조하지 않으면 학교 내에 포섭된 협조자들이 이를 보고했다. 도네츠크/루한스크 등 예전에 점령한 지역 내에서 협력자는 상대적으로 적었지만, 조직을 가동하는 윤활유역할을 했다. 중요한 점은 FSB가 계획의 일부로서 기대하거나 요구하지 않았다는 점이다. 체첸에서의 경험을 바탕으로, 방첩조직이 효과적으로 가동하는 데는 주민의 8% 정도만이 적극적으로 협력하면 충분하다고 가정했다. 우크라이나 정보기관들은 FSB가 지역 지지를 확보하기 위한 필수 수단들을 상당부분 바로잡았다고 평가했다.

소규모 인원을 갖고 통제하려면 폭력이 수반될 가능성이 높다. 그래서 폭력이 어떻게 사용되었는지를 이해하는 것이 중요하다. 타깃의 특성에 맞춘 '**맞춤식 폭력**'을 구사했다. 첫째, 우크라이나 민족주의자 같은 가장 비중 있는 타깃의 리스트를 작성하기 위해 FSB와 체첸 부대가 선봉에 섰다.

러시아는 키이우/오데사/카리키우 등 주요도시를 넘어서지 못했기 때문에 이 리스트에 등재된 대다수 사람들은 러시아의 손아귀에 벗어나 있었고 전투 지역 전역에 걸쳐 있으면서 눈에 띄지 않고 있었다.

적극적으로 협조하지 않는 고위직이나 주요 인프라 책임자들을 다루기 위해 러시아는 레버리지를 만들기 시작했다. 직접 대놓고 공갈 협박하는 것부터 시작했다.

한 예로 시장들은 종종 소환되어 두들겨 맞은 뒤 방면되곤 했다. 이 범주에 들어간 사람들의 가족들은 러시아의 지시를 따르지 않으면 구금되거나 고문당했다. 우크라이나가 통제하고 있는 지역에서 업무를 하고 있는 우크라이나 관리 중 러시아가 점령한 지역에 가족을 두고 온 사람들을 겨냥해서 자행되었다. 고문하는 목적은 레버리지를 만들고자 한 것으로, TOG가 타깃에게 보낸 통신문이나 희생자들이 고문 받거나 받은 뒤 아무런 질문을 받지 않았다는 점이 이를 입증한다. 그저 두들겨 패고 방면한 것이다.

우크라이나 저항조직에 가담했거나 가능성이 있는 사람에게 그 과정은 까무러칠 정도로 질질 끌어 그 결과 또한 천차만별이었다. 우크라이나 중앙정부와 연계된 사람들은 구금되고 혹독한 여과과정을 거쳐야 했다. 1차 심문에서부터 시작되었다. 조사실에 앉자마자 폭력을 휘두르고, 끌려온 사람들이 점령지 관할청을 상대로 음모를 꾸몄다는 것이 발견될 때까지 위협 강도는 높아져 갔다. 첫 심문 시 기본적이면서도 틀에 박힌 질문을 한다. 그럼에도 FSB는 백그라운드에 대한 그림을 그리기 위해 네트워크를 분석할 수 있는 틀을 깐다.

관심 가는 사람이 있으면 심문 과정은 수위가 점점 높아져 2라운드로 들어간다. 고문도 깍두기처럼 낀다. 전기고문도 불사한다. 질문도 기본적인 차원을 넘어 매우 구체적으로 한다.

이 과정을 거쳐 방면되는 사람도 있지만, 다른 조사실로 이동하여 추가적인 조사를 받는 사람도 있다. 장소를 옮기는 논리는 이렇다. 용의자가 장소를 옮긴 뒤 방면되면 친구들이나 가족과 생이별을 할 수 있다는 논리를 내세운다. 그 이후 풀려나더라도 우크라이나 저항 조직들은 이들이 이중간첩이 되었는지, 정보를 제공했는지 헷갈리게 된다.

방면 조건은 FSB에게 정기적으로 보고하는 것이다. 이들의 지원 네트워크와 접촉자도 자연스럽게 조사된다. 이들이 풀려나 절친들을 찾아가 도움을 요청하기 때문이다.

여과과정은 1994년 러시아 내무부의 지령문아래 실시한 행위들과 너무나도 유사한데, 이 지령문은 1차 체첸 전쟁을 겪으면서 내린 것으로 군부에게 여과 지점 설치를 허용한 것이 핵심이다. 필터링의 첫 관문을 통과한 사람들은 문서에 기록된 뒤 귀가한다. 우려스런 사람들은 구금되어 심층 심문을 위해 여과 캠프로 이동한다. 당연히 가족 등 주변 사람들과는 생이별이다.

우크라이나 전쟁 와중에 이 같은 탄압시스템이 작동했음을 보여주는 데이터가 있다. 수비대 수준에서 대부분의 심문 기록과 데이터는 각기 다른 데이터베이스, 종이, 랩탑 등에 보관된다. 데이터셋을 한 군데로 묶지 않는다. 시간이 지나면서 심문자들이 늘어나고 추가 심문을 위해 이동하는 사례도 생기자 이 파일들이 복잡해졌다. 구금자들은 당시의 상황을 이렇게 언급한다.

1차 심문 시에는 기본적이고 형식적인 내용 위주로 심문하다가 2차 심문으로 가면 매우 구체적으로 심문하며 3차 심문 시에는 다른 케이스와 엮어서 심문했다.

이런 교차 심문은 방첩기관의 자료 존안시스템이 주민들의 네트워크 지도 그리기용으로 사용되었음을 보여주는 것으로, 심문할 때 마다 당연히 교차 체크를 했다. 이런 데이터셋이 주정부 TOG에 가게 되면 '**스펙트럼**(Spectrum)'이라 불리는 FSB의 데이터망에 입력된다. 'Spectrum'은 FSB가 러시아 안보와 방첩 업무를 위해 만든 디지털 인프라이다. 'Spectrum'은 러시아 국세청의 세무 자료, 법원의 재판 기록, 치안활동, 국경경비대 보고서 등도 존안하는 한편 'Magistral(비행기와 선박의 적하목록을 수집)'이나 SORM(작전조사 활동 시스템, the System for Operative Investigative Activities)과 같은 FSB가 운영하는 인프라도 이 'Spectrum'에 집어넣는다.

이외에도 핸드폰 추적과 소셜미디어 모니터링에 사용하는 'PSKOV', 모든 소스(소셜미디어, 핸드폰과 금융기록 등)의 데이터베이스인 'Sherlock'과 함께 정부기관이 운영하는 것, 상업적으로 이용 가능한 것, 훔친 것 등 대상을 가리지 않고 통합해서 활용하고 있다.

'Spectrum'은 여러 데이터에 접속할 수 있는 포털과 같은 긴요한 관문 구실을 한다. 모든 FSB 요원들은 허가받으면 거리낌 없이 이용할 수 있고, 심문대상자들이 러시아 땅이나 러시아 점령지역을 오간 내용을 출력하여 활용한다.

용의자가 구금되면 그와 관련한 파일이 자동적으로 따라온다. 기록물을 디지털화했다는 것은 FSB 요원들이 언제든지 케이스 파일을 이용할 수 있도록 보장한다.

공갈협박과 탄압의 또 다른 측면은 **집단적 징벌**이다. 러시아 군이 점령한 여러 도시에서 지역민들이 러시아 군을 촬영하거나 그 장면을 소셜미디어에 올리거나 러시아군 이동상황을 친구·가족·우크라이나 정부 기관에게 전송했다.

우크라이나 군은 이것들을 모아 러시아 군을 향해 포격했다. 상황이 이렇게 흘러가자 러시아 군은 모든 주민들을 검색해서 핸드폰을 조사하여 우크라이나 군과 정보공유를 하는지 뒤졌다. 이런 사실이 드러나면 당장 잡아가 취조했다.

고문도 불사했으며 처형당한 사람도 많았다.[32] 중요한 것은, 이런 일을 자행한 러시아군이 겁을 먹고 철저히 체크하지 않았다는 점이다. 증거를 찾기보다 의심자를 잡아들이는 것을 더 선호했다.

32) **폴커 튀르크** 유엔 인권최고대표는 7일(현지시각) 성명을 내어 "저는 영하의 기온 속에 나흘간 우크라이나에 머물며 전쟁이 이 나라 국민에게 끼친 공포와 고통, 매일 이어지는 피해를 직접 봤다. 이것은 뿌리 뽑힌 삶을 의미한다"며 자신이 목격한 피해와 파괴의 크기가 "충격적인 수준"이라고 말했다. 그는 지난 4일부터 나흘 동안 우크라이나 수도인 키이우 북쪽의 부차, 제2 도시인 동북부 하르키우의 주변의 이줌 등 이번 전쟁으로 큰 피해를 입은 지역을 직접 방문했다. 이 지역은 전쟁 초기인 지난 2월 말~4월 초 러시아군의 점령 아래서 대규모 민간인 학살이 발생했던 곳이기도 하다. 그는 러시아군의 학살이 처음 확인된 부차에서 "사람들의 트라우마가 손에 만져질 듯 뚜렷하게 느껴졌다"면서 "즉결 처형, 고문, 자의적인 구금, 강제 실종, 성폭력에 대한 정보가 계속해서 나오고 있다.(출처 : 한겨레, 2022년 12월 8일자.)

그래서 숱한 무고한 시민들이 잡혀 들어가 고문당하고 죽임을 당했다. 러시아 군대의 잔인성은 우크라이나 군의 포격을 받은 지역에 국한되지 않았다. 포격을 받지 않은 지역에서 조차, 저항 행동은 심문 숫자를 채우기 위해 아무나 사람들을 잡아들이는 결과를 가져왔다. 어떤 공동체의 경우, 이를 의식하여 꼭 필요한 일이 아니면 바깥 출입을 하지 않았다. 여러 마을에서 이런 일이 되풀이되었다는 것을 생각해보면 조직적이고도 잔인한 논리가 수반된 것으로 보인다.

저항 행동으로 인해 집단적 징벌을 초래한다면 저항하려는 사람들은 자신은 물론 가족이나 친구 등도 위험에 빠트릴 우려가 있다. 지역경제 및 사회적 공간과 커뮤니티의 붕괴는 부차적인 효과를 가져왔다.

탄압은 일상생활을 부스러트리고 러시아의 점령행정청은 가게, 식품배급, 서비스 등 모든 것을 통제했다. 이런 곳에 가는 것을 철저히 통제하여 반대파를 억누르고 협력자를 키우기 위한 강압적 레버리지로 활용했다. 산산조각 난 커뮤니티는 거주민들로 하여금 자기이익을 먼저 앞세우게 만들어 항구적인 통제에 의존하거나, 통제기구에 연락하게 만든다.

이런 과정은 점령지를 병합하려는 러시아의 변하지 않는 속셈이었다. 병합과정은 크림반도에서 써먹었던 수법의 도돌이표였다. 첫째, 지역 행정을 돌아가게 하기 위해 주민 일부를 고용하거나 협력을 강요한다.

둘째, 군사적 위협으로 그 지역을 장악하고 가혹한 조치를 구사하여 대드는 것을 억지한다. 셋째, FSB와 러시아 안보기관들은 안전조치를 명분으로 사법기관 등 여러 기관에 진입한다. 넷째, 지역 행정에 협조하는 사람들은 그 지역의 책임자 자리에 임명하거나, 여러 부서에 러시아 사람들로 대체하여 행정을 직할한다. 마지막으로 그 지역을 병합한다. 이 과정은 러시아군의 진격이 더뎌 완벽하게 실행하지 못했다. 그렇지만 마리우폴과 우크라이나의 손에서 벗어난 일부 도시에서는 먹혀들었다.

비정규 부대들(The Irregulars)

침공을 앞두고 이런 기대가 있었다. 러시아 특수부대들이 전략적 정찰과 특수정찰 임무를 수행하기 위해 배치될 것이라고. 하지만 상당한 수의 부대는 후방에 위치하여 점령 행정장악을 지원했다. 목표로 삼은 지역 장악에 실패하면 이런 부대들은 그간 자신들이 해온 전통적 역할을 할 공간도 없고 침공시나리오에 적시된 계획대로 하지 못한다. 이런 부대를 실전배치하는 것은 그래서 숙고를 요한다.

우크라이나 전면 침공을 앞두고 러시아 제대에서 스페츠나스(Spetsnaz) 부대 수는 급속히 늘어났다. 대다수 군사문제 분석가들은 이것들로 인해 러시아 부대 편성에서 정찰능력이 더 강해지고 제대와 유기적으로 활동할 것으로 보았다.

2차 체첸 전쟁과 시리아에서 러시아군은 스페츠나스(Spetsnaz)를 정찰부대로 삼아 부대의 전진 여부나 다른 특수부대의 역할을 스크린했다.

우크라이나 침공 시 몇 가지 형태로 나타났다. 한 예로 스페츠나스(Spetsnaz)는 침공을 앞두고 크하르키우 지역에 송곳처럼 뚫고 들어갔다. 늘어난 스페츠나스(Spetsnaz)부대는 러시아군에 만연한 보병 부족현상을 메꾸어 주었다. 보병이 부족한 이유는 유능한 병력은 스페츠나스나 공정부대에 배속한 때문이다. 모스크바는 가급적 전술부대에서 징집하지 않도록 한 때문에 병력이 부족하여 부대들이 전투 임무를 수행할 정도의 충분한 병력을 확충할 수 없었다. 그 결과, 많은 대대급 부대들의 전투력이 저하되었다. 러시아 장갑차들은 3개 분대로 편성되었다.

지상작전 목적이 우크라이나 여러 도시를 장악하고 통제하여 사람들을 겁주고 떨게 하려는 목적이었다면 별 문제가 되지 않았을 것이다. 그런데 러시아군이 격전을 치르게 되면서 보병 부족이 심각한 문제로 떠올랐다. 전투력을 갖춘 보병부대의 부족은 스페츠나스를 전투과정에서 많은 병력 손실을 입은 경보병 부대에 투입하게 만들었다. 특수임무에 투입된 스페츠나스는 얼마 되지 않았다.

우크라이나 전쟁은 시간이 가면서 비정규군이 정규군의 대체하는 양상으로 흘러갔다. 처음 러시아 침공할 때는 FSB가 후원한 체첸 부대를 선봉에 세워 점령지 방첩작전체제를 갖추려는 복안이었다.

전투가 격렬해지자 이런 부대들은 공격 부대 역할을 하며 핵심축으로 부상했다. 적어도 마리우폴에선 그랬다. 특히 러시아 공격부대들의 사상자를 줄이기 위해 많은 노력을 기울여 돈바츠크/루한스크 등 점령지 주민들을 동원하고, 8연합군(Eight Combined Arms Army) 부대에 배속했다.

그래도 이 부대의 사상자수는 예상보다 초과했는데, 우크라이나 돈바스 지역의 참호를 공격하면서 특히 많은 사상자가 발생했다. 이유는 후방부대들의 안전한 전진을 도모하기 위해 참호를 일일이 확인하고 파괴해야 했기 때문이다.

또 다른 비정규군은 **바그너그룹**(Wagner)[33]으로, 최초 침공계획 상에는 주변적인 역할을 하도록 되어 있었다. 시리아와 아프리카 내 러시아 파트너 가운데 자원자 중심으로 뽑아 정보작

---

33) 2014년에 설립되어 2015~2016년에 활동이 활발해진 이 용병 조직은 우크라이나 동부에서 러시아의 지원을 받는 분리주의자들을 돕기 위해 만들어졌다. 바그너 그룹은 동유럽을 넘어 빠르게 확산해 나갔고 소속 용병들이 수단, 시리아, 리비아 및 아프리카 대륙 전역에서 발견됐다. 잠재적 신입 용병들에게 어필한 주요한 포인트는 높은 급여와 모험의 약속이었다. 한 전직 전투원은 BBC에 "로맨틱한 사람들이 국경 너머 러시아의 이익을 수호하기 위해 이 조직에 합류했다"고 말했다. 우크라이나 전쟁 전에 바그너 용병단에 합류한 대부분의 남성은 보수가 좋은 직업을 찾을 가능성이 제한적인 작은 마을 출신이었다. 와그너에서 일하면 한 달에 약 1,500달러 (약 180,000원), 전투에 배치되는 경우 최대 $2,000를 지불 받는다. 대부분은 전투에 배치됐다.

바그너 용병들은 시리아에서 **아사드** 대통령의 군대 편에서 싸웠고, 리비아에서는 유엔이 지원하는 정부에 맞서 싸우며 하프타르 장군을 지원했다. 2014년부터 2021년까지 와그너 그룹과 계약을 맺은 남성은 최대 1만 5000명으로 추산됐지만 여전히 제한된 수였다. 러시아 본토에서는 이 조직에 대해 아는 사람이 많지 않았다. 그러다 러시아의 우크라이나 침공이 본격화되면서 그 영향력과 위상이 급격히 높아졌다. (출처 : 2023. 1. 28. BBC뉴스)

전을 할 때 오케스트라의 한 파트처럼 활동하는 단체인데, 이는 러시아가 폭넓은 국제적 지지를 받고 있음을 시사한다.
전쟁 초기 침공이 빠르게 진척된다고 여겨졌기 때문에 아프리카에서 수행 중이던 임무를 중단하고 철수하지 않았다.

개전 몇 주 후 러시아 재래식 부대들이 우크라이나의 예상치 못한 공격을 받아 흐트러지면서 전쟁 전문가와 공격부대 부족이 적나라하게 드러났다. 이는 바그너 그룹을 우크라이나 전선에 배치토록 함으로써, 바그너 그룹은 러시아 감옥에 수감된 죄수를 비롯 대상을 가리지 않고 대대적인 충원을 시작했다. 또한 선봉에 서서 상당한 급료를 받고 파일럿과 같은 숙련된 러시아 요원을 뽑아 전투에 투입하는 역할도 하고 있다.

러시아 부대에 소속된 뛰어난 바그너 그룹과 여타 민간분야 비정규군은 엄밀히 살펴봐야 한다. 이유는 이들 대부분이 러시아 특수부대에 뿌리를 두고 있기 때문이다.

바그너 그룹은 2014년 돈바스에서 GRU[34)]가 막후에서 후원한 대대에서 그 모습을 드러냈다. 아프리카와 시리아에서 작전을 펼치면서 GRU 요원들은 바그너 그룹 속에 파고들어 러시아의 재래식 전력이 바그너 그룹과 연계하거나 위장 하는 수단으로 활용했다. 그렇다고 바그너그룹이 GRU의 부속기관으로 치부하는 것은 정확하지 않다.

---

34) GRU는 FSB, SVR(해외정보 수집 및 공작)과 더불어 푸틴 휘하의 3대 정보기관으로 때론 FSB를 능가하고 있다. 군사정보 탈취, 비우호적 국가들의 군 보급로 파괴, 자유진영 귀순자 암살 등과 같은 임무를 맡고 있다. 2010년 개혁한다면서 대학출신자가 아닌 특수부대 요원을 대거 충원했다. 이들을 충원한 이후 내부 문화가 바뀌었다. 임무 수행을 위해서는 목숨을 초개같이 버리는 것을 제1의 사명으로 생각한다.

GRU는 공식 지휘채널 보다 **프리고스인(Prigozhyn)**을 통해 푸틴에게 정치적 권고사항을 제언한다. 그래서 GRU와 바그너 그룹은 양모처럼 서로 얽히고 얽힌 관계로 보는 것이 보다 정확하다. 바그너 그룹에 대한 무기와 군사장비 보급은 러시아 국방부의 제78 특수정찰센터와 GRU의 제22 특수팀이 전담하고 있다.

바그너 그룹 외에 UAVs와 특수전을 위해 만든 조직도 있는데, **PWC Redut**가 대표적이다. 전 바그너그룹 출신이 주도하면서 정찰, 정보수집과 사보타지 임무를 수행하고 있으며 이전에 바그너그룹을 관리했던 GRU 출신 요원이 막후에서 지휘하고 있다. 러시아 정부와 특수기관들이 막후에서 후원하는 민간 방위산업체들은 시간이 갈수록 증가할 것이 자명하다.

러시아 군내에서 특수부대들이 운용하는 비정규군은 러시아 방위산업을 악화시키고 있다는 점에서 의미심장하다. 한 예로 the Orlan-10 UAV는 러시아 육군이 운영하는, 성능 좋은 정찰 장비 중의 하나다. 재래식 부대가 개발한 것이기는 해도, 만든 사람은 GRU로부터 상당한 자금을 지원받았다. 보다 중요한 것은, 제조에 필요한 마이크로 전자공학제품은 수출 통제품목이어서 러시아 특수기관들이 설립한 위장회사들이 불법적으로 구매해야 했다.

또 다른 예는 이란으로부터 자폭형 무인항공기(loitering munition) 구매문제다. 이란과의 전략적 제휴가 활발해서 러시아 특수기관들이 마음 놓고 이란 혁명수비대와 연계하여 원거리에서 구매활동을 할 수 있었다.

러시아 방위산업이 점점 이런 구조에 의존하게 되면 러시아 군부 내 장비구매자들은 비정규적인 조직과 커넥션하려고 할 것이다. 이는 군부에 할당된 자원 배분과도 관계된다. 자신의 전장공간을 가질 능력이 있는 사람이 자원을 독차지 하여 실제 전장에서 문제를 일으키게 된다. 국가적인 동원령은 비정규군 편성을 줄일 것이다. 이 부대에 사용 가능한 장비는 러시아가 벌이는 전쟁에서 그 중요성이 여전히 높음을 보여준다.

러시아의 재래식 스페츠나스(Spetsnaz)가 점차 공격 부대로 운용되고 있지만, 특수기관이 스페츠나스를 직접 통제하는 관행은 구소련의 접근방식으로 회귀하고, 러시아가 수십 년 간 공들여 온 서방의 특수부대 모델에서 한참 멀어지고 있다는 논란을 불러일으킨다. 이 때문에 스페츠나스를 배치할 경우 휴민트와 적극적인 협력 체제를 갖추고 있다.

휴민트와 정찰(Human Intelligence and Reconnaissance)

러시아 군이 타깃으로 삼은 땅 점령에 실패함으로써 그곳에 상당한 특수기관들을 남겨놓게 된다. 우크라이나 입장에서 보면, 러시아 군이 우크라이나 땅에 너무 깊숙이 진입함으로써 러시아 통제 하에 있는 우크라이나 주민들을 오도 가도 못하게 만들었다. 이는 저항할 수 있는 틈을 주었다. 우크라이나 내에서 위협에 대응하는 메커니즘이 다르긴 해도, 러시아인과 우크라이나인 네트워크에 대한 압력은 임무 수행과 적응의 우선순위를 비슷하게 정하게 해준다. 침략자에 저항하려고 하는 우크라이나인 비율은 상당히 높다.

저항의지가 필수적이긴 하지만 그것만으로 효과적인 저항을 하기 어렵다. 일례로 침공 초기 며칠 동안 여러 점령지 도시나 군에서 평화적 시위가 조직되었다. 효과가 별무였고 조직주도자들은 탄압의 타깃이 된 것은 당연한 수순이었다. 저항 조직이 유지되면서 저항하는 모습을 계속해서 보이는 것은 일견 가치는 있다.

사보타지나 이와 유사한 직접적 행동을 하는 단체를 조직하는 것은 가능하지만 여러 지역에서 동시다발적으로 큰 규모로 하지 않으면 효과를 거둘 수 없다. 그러한 공작은 네트워크를 붕괴시키거나 장악으로 나아가는 경향이 있다. 그러므로 직접 행동은 두 가지 목적을 갖고 해야 한다.

1) 점령당한 지역 내에 설치된 방첩체제를 흔드는 것, 2) 재래식 부대에 앞서 들어온 러시아 부대를 균열시키는 것 등이다. 대다수 케이스에서 직접 행동은 우크라이나 특수부대가 운용하는 특수팀이 수행했다. 우크라이나 특수기관은 특정 지역에서 임무를 수행하거나 변신할 때 그 지역에 있는 저항단체들의 조력을 받았다. 요원들은 임무를 마치면 현장에서 신속히 벗어남으로써 네트워크가 드러날 위험성이 줄어든다.

조직적 저항이 보다 유용하고 지속적으로 가치가 있는 것은 정찰과 정보 수집에 있다. 적절한 기량을 구사하면 방첩기관에게 네트워크가 들통 나지 않고 임무를 완수할 수 있다.

침공 초기 인간정보원들의 보고덕분에 러시아 부대를 향해 포사격이 가능했다. 시간이 지나면서 인간정보 네트워크는 저항조직과 엮어지게 되어 러시아 지휘 통제와 병참 인프라를 정밀하게 때리는데 필수적인 요소가 되어갔다.

우크라이나는 인간 정보를 토대로 서방으로부터 지원받은 정밀무기로 장거리에서 정교하게 목표물을 공격했다. 상세한 저항운동 방법은 민감한 사안이어서 자세히 밝히기 곤란하다.
강조하고 싶은 것은 그러한 네트워크를 가동하는 기량은 비밀통신과 인간정보를 컨트롤하는 기술이 갖추어 져야 한다는 점이다. 역시 이런 행위에 적합한 사람은 당연히 군이 아니라 정보계통에서 일한 요원이 된다.

러시아 군도 우크라이나 내에 부식한 유사한 네트워크를 이용해서 자신들의 임무를 수행했다. 이런 사람들에게 직접적인 행동은 1차적인 위협이 되지 않는다. 이 네트워크의 가치는 우크라이나 군과 에너지와 같은 중대한 국가 인프라를 타깃으로 삼는데 도움을 주는데 있다.

정보기관의 기존 요원들은 그런 공작을 할 수 있는 강력한 기반을 제공하고, 타깃으로 삼은 정보는 러시아로 유입되기 전에 암호화된 메신저를 통해 유럽에 있는 러시아 조종관 등에게 보내진다. 그럼에도 이런 행위를 유지하는 것은 인간정보, 비밀통신과 첩보기술 등에 보다 비중을 두기 때문이다. 이런 우선순위를 염두에 두고 GRU내에 한 기구를 다시 만든 케이스가 있다.

최근 여러 번 노출된 적이 있는 **29155부대**는 사보타지와 암살을 전문으로 하는데, 비밀 공간에 있던 것을 은밀히 옮겨왔다. 동시에 29155부대를 지휘했던 안드레이 아베리아노프(Averianov)는 자기 휘하에 3팀을 두고 활동을 독려해왔다.

아베리아노프와 그의 새로운 팀은 GRU의 5th Department(5과) 산하에 배속되어 인간정보를 담당했다. 여러 측면에서 서방식의 정보모델을 구축하려는 수 년 간의 노력을 포기하고 과거로 회귀했다는 점에 주목할 필요가 있다.

GRU의 업무 메뉴얼에 따르면, 특수공작은 불법적 정보자산이 가장 잘 수행하는데, 특수공작 실천가들이 휴민트가 되어 직접 행동을 하는 조직을 만드는 것이다. 역사적으로 스페츠나스와 군 정보기관과는 형제처럼 절친했으며, GRU 요원 상당수는 스페츠나스에서 경력을 쌓기 시작했다.

휴민트의 역할은 GRU에 직접 복속된 팀에게 특히 중요했다. 일부 29155 부대 요원들은 신분이 들통 나 더 이상 신분을 감추고 활동하지 못함에 따라 우크라이나 점령지에서 협조자 충원과 첩보망 관리 업무에 투입되고 있다.

러시아는 대체로 지역이나 정보목표에 대한 정보를 수집하는데 별다른 어려움을 겪고 있지 않다고 말할 수 있다. 러시아의 수집 능력은 의미심장하다. 정보를 수집하고 분석하고 배포하는 것은 또 다른 문제다. 우크라이나 정보기관들은 GRU가 우크라이나 전역을 정탐하는 조직을 구축해왔다고 보고 있다. 첩보원이 수집한 보고서는 이 센터(targeting centre)에 전달되었다.

이곳에서 분석관들은 GRU의 지역 정보와 여타 수집한 것들을 참고하여 매일 탐지동향 보고서를 생산했다. 요약본은 관련된 지역 군 지휘관에게 보내는 한편 연합군의 화력통제본부에도 내려 보내고, 타깃이 전술적 성격을 띠고 있으면 포병전술부대에도 관련 보고서를 보낸다.

이외에도 VKS, 세바스토폴(Sevastopol)에 있는 러시아 흑해 함대 본부에도 보낸다. 목표물분석 센터(targeting centre)는 24시간 가동하면서 탐지내용 등에 대해 분석한다. 한정된 맥락 정보를 갖고 우선순위를 결정할 경우에는 타깃 꾸러미(pack)에 적절한 감시장치를 제공하여 보완한다.

정보타깃은 타깃이 지닌 가치나 성격보다는 타깃 팩이 받은 지시에 따라 정해진다. 종종 타깃의 위치와 지침의 배포 임무를 맡은 부대가 이 임무를 수행하는데 최소 24시간 정도 걸린다. 러시아 해군이 칼리브르(Kalibr) 미사일을 발사하거나 위치를 이용할 때는 시간이 더 소요되기도 한다.

일부 과녁 맞히기(target struck)는 여러 해 전부터 군사적으로 설정했으며, GRU가 타깃을 생성하는 촉진자였음을 시사한다. 그 결과, 러시아는 타깃에 대한 정보 수집과 타격능력을 갖추는데 지속적으로 잠재적인 문제를 야기했다. 러시아의 타깃 사이클이 결함이 있음에도 꾸준히 타깃을 찾아내고 그 타깃을 공격하는 수단을 갖게 되었다는 사실은 인간 정탐네트워크를 파악하고 부수는 방법이 나토가 전쟁 국면에서 풀어야 할 핵심 질문임을 시사한다.

러시아 정보기관의 비밀공작 취약점: Hubris (자만심) 35)

-

브라질 학생 **빅토르 뮐러 페레이라**(Victor Muller Ferreira, 러시아 스파이 세르게이 크예르카소프Sergey Cherkasov라는 의혹)는 현대적인 스파이 수법을 여실히 보여주는 사례다. 이 사안은 러시아 비밀공작의 강점과 동시에 취약점도 드러낸다. **크예르카소프**(Cherkasov)는 거의 10여년을 뮐러 페레이라(Muller Ferreira)라는 허위 페르소나를 구축하는데 보냈다. 출생증명서. 운전면허증 등과 같은 가짜서류를 사용해서 브라질에서 신분증을 만들었는데, 기록 유지 관리가 엉망인 브라질의 취약점을 악용하는 한편 내부자의 도움도 받았다. 크예르카소프(Cherkasov)는 결국 신원이 까발려졌다.

35) 이 글은 워싱턴포스트지 논설위원인 Adam Taylor가 2023년 3월 29일 워싱턴포스트지에 기고한 내용으로, 원제는 Russia's covert operations have a major weakness: Hubris이다.

2022년 독일 당국이 FBI의 지원을 받아 동명을 러시아 군 정보기관인 GRU 요원임을 주지시켰기 때문이다. 동명은 브라질로 돌아가 15년형을 언도받고 감옥살이를 하고 있다. 크에르카소프(Cherkasov)는 신원이 노출되기 전까지 대단한 인물로 감쪽같이 속이는데 수 년 간을 허비했다.

하나의 예가 더블린 트리니티(Trinity) 칼리지와 워싱턴 존스홉킨스대에서 외국인 학생으로 공부한 뒤, 헤이그 국제사법재판소에 무임금 주니어 분석관으로 들어갈 음모까지 꾸민 것이다.

동명의 노력은 러시아의 끈질긴 비밀공작과 야심을 잘 보여준다. 만약 크에르카소프(Cherkasov)가 국제사법재판소에 취직했더라면 주변 정보를 끌어 모아 보고했을 것이다. 우크라이나 전쟁 범죄를 조사하는 ICC의 역할이나 푸틴에 대한 체포영장 등이 주요 탐문내용이었을 것이다. 크에르카소프(Cherkasov)는 허위 브라질 족보를 사용해서 포르투갈 시민권을 얻으려 했다는 의심도 받았다. 그랬다면 EU에 진출하는 교두보가 되었을지도 모른다.

그러나 러시아가 이런 종류의 야심차고 위험도 높은 공작을 자행하는 것은 스스로를 무너뜨리는 자만심의 발로이다. 일례로 동명이 우크라이나 침공을 앞두고 모스크바에 관련 정보와 미국의 행동방책에 관해 보고한 내용을 살펴보자. 보고 내용 중 하나는 “전쟁이 발발해도 미국은 우크라이나에 정치적 지지 외에 다른 수단을 제공하려는 기미는 없다”는 내용도 있었다.

첩보 출처는 싱크 탱크 내 영향력 있는 사람으로부터 획득한 것으로 되어있다.

FBI는, 일부 첩보는 교수출신이 주도한 온라인 토론에서 수집한 것으로 결론지었다. 동명은 분명히 고리(loop)로부터 벗어나 있었다. 크예르카소프는 러시아의 광범위한 정보 실패의 한 단면일 뿐이다. 익히 알다시피 러시아는 우크라이나 전력을 우습게 봤고 자신들의 전투역량도 과신하여 전장 곳곳에서 예상치 않은 반격과 패배를 맛보았다.

영국 왕립연구소(RUSI)가 2023년 3월 29일 공개한 우크라이나 전쟁 동안 러시아의 비정규적인(unconventional) 공작에 관한 보고서를 보면,

"러시아 특수 기관[36]들은 근본적으로 자아 인식이나 자신이 맡고 있는 분야에 대해 정직하게 보고하려는 의지가 결여되어 있다"고 지적하며, "상사에게 취약점은 감추고, 성공한 내용은 부풀려서 보고하는 시스템적 문제가 내부에 도사리고 있다."고 덧붙인다.

---

36) 러시아는 소련 몰락 후 KGB를 FSB(연방보안국, Federal Security Service)와 SVR(해외정보국, Foreign Intelligence Service)로 나누었다. 국내정보를 담당하는 FSB는 러시아 국내의 주요 시설 보호와 방첩활동을 담당하고, 해외정보를 담당하는 SVR은 핵무기 및 대량살상무기 감시, 대테러활동, 국외 정보수집, 러시아인 보호 등을 주요 임무로 한다.

2002년 푸틴 대통령은 정규군 및 각종 무력부서 내에 FSB 파견관실을 설치하는 것에 관한 대통령령에 서명하면서 KGB 시절 운영했던 군내 방첩 및 보안활동 기능을 FSB가 수행하게 되었다. 푸틴은 또 2003년 3월에 연방국경청을 FSB로 편입토록하는 한편 연방정보통신정보국(FAPSI)을 폐지하고, 그 기능을 FSB가 흡수 하도록 함으로써 FSB의 역할과 권한을 크게 강화시켰다.

워싱턴포스트지가 초기에 보도한 것을 보면, 러시아 FSB는 우크라이나 침공 전에 협조자들에게 키이우를 떠나라고 짤막하게 조언하면서도 핵심협조자는 남겨두었다. 이 때문에 도시를 점령한 뒤에는 자신의 집을 손쉽게 이용할 수 있었다.

“그들은 누군가가 문을 열 것으로만 기대하고, 저항이 있을 것이라고 전혀 예상하지 못했다.”

우크라이나 고위 안보책임자가 2022년 여름 워싱턴포스트지 기자에게 한 말이다. 자의식이 결여된 크예르카소프는 어쩌면 스스로 실패를 자초한 것인지도 모른다.
동명은 해외에 체류하는 동안 스파이라고 눈을 의심할 정도로 몇 가지 초보적인 실수를 저질렀다. 2023년 3월 공개된 FBI 공소장을 보면, 수감된 이후에도 연인에게 자신의 석방여부에 관해 자신만만한 메시지를 보냈다.

“내가 여기에 머물 이유가 없어. 이 형량은 형식적인 것이야. 자신들의 체면을 세우기 위해 나에게 과도한 형을 때린 것이지.”

이러한 태도는 다른 러시아 스파이에게서도 가끔 보는 현상으로, 2018년 영국 솔즈베리에서 전 GRU 소속 대령 **세르게이 스크리팔** 부녀를 노비촉이란 독극물로 살해하려던 GRU 공작원 3명의 모습에서도 여실히 드러났다. 공작은 수포로 돌아가고 그 과정도 노출되고, 스크리팔 부녀는 살아있음에도.

비정규적 공작(unconventional operation)은 외교관이란 신분을 가장하지 않고 '불법적'으로 스파이 개인 역량(lone agent)에 맡겨 활동하는 것이지만 잘못될 확률이 잠재해있다.

성공사례를 별로 보지 못했다. 독일 정보기관 BND가 러시아 스파이로 추정되는 사람의 신원을 까발린다. GRU와 FSB 같은 러시아 정보기관이 수행하는 고위험 공작에서 자만심은 아무데나 통하지 않을 것이다. RUSI는 보고서에서 이렇게 결론을 내린다.

"러시아 정보기관이 우크라이나에서 실패한다 해도, 앞으로 러시아가 강압적 행위의 중심체로 기능하는 것을 막지 못할 것이다. 그래서 이를 격퇴하는 것이 중요하다고 말하지 않을 수 없다."

러시아 비밀기구들의 뻔뻔함37)

오늘날 정보기관의 세계에도 '대이동(grand shift)'이 있는 것처럼 보인다. 러시아 정보기관은 더 이상 비밀기관이 아니다. 비밀공작을 수행하지만 그간 해오던 방식 즉 루틴한 방식으로 공작을 하고 대외적으로 노출되는 것도 개의치 않는다. 정보기관 고위간부들이 연루되고, 관련부서가 노출되며, 수법과 본질이 국내·외에서 드러나는데도 뻔뻔스럽게 자기 방식을 고수한다.

이는 크레믈린이 관련된 수많은 민감하고 비밀스러운 공작을 수행하는 그 기저에 공통적인 관행으로 자리 잡았다. 사이버공격에서부터 첩보수집 활동에 이르기까지 모든 분야에 배태되어 있다.

---

37) Andrei Soldatov and Irina Borogan이 2022년 7월 러시아 정보기관을 전문적으로 다루는 인테넷 매체인 *Agentura.ru*에 2022년 7월에 기고한 내용으로, 원제는 Russia's Secret organizations Are Not secret anymore. It seems They don't care이다.

크레믈린과 비밀기관들은 이런 새로운 현실에 10점 과녁을 맞히듯 정확하게 맞추고 있다. 푸틴의 정적 **나발니**(Navalny, 현재 수감 중)에 대한 FSB의 독극물 암살공작시도를 파헤친 벨링캣[38]의 활약은 이를 극명하게 밝혀준다.

나발니 암살시도 공작에 FSB 연구시설의 핵심부서인 NII-2가 간여한 사실이 백일하에 드러났다. 이 정보는 2021년 8월 나발니에 대한 독극물 암살 공작을 이해하는데 크게 기여했다. 몇 가지 공작의 핵심 요소, 특히 누가 지시했는지 등 공작 상부선이 뚜렷하게 밝혀지진 않았지만, NII-2는 공작부서가 아니고 연구시설로 되어 있다. 루비안카(Lubyanka) FSB 본부 내에는 여러 FSB 지부의 활동을 조율하는 여러 개의 부서가 있으며, 특히 나발니의 경우 지방 감시팀이 나발니 공작팀의 움직임을 시시각각으로 체크했으며, 본부 부서는 이를 토대로 공작팀들의 활동을 업데이트해왔다.

벨링캣이 작성한 러시아 군 정보기관 GRU에 대한 예전의 보고서와 2018년 솔즈베리에서 벌어진 세르게이 스크리팔 GRU 대령 부녀에 대한 독극물('노비촉') 암살사건 관련자의 진술 등을 종합하여 러시아 비밀기관들의 '독극물 공작 프로그램"에 대한 무시무시한 그림을 그릴 수 있었다.

---

38) **벨링캣(Bellingcat)**은 '고양이 목에 방울달기'라는 뜻으로 영국 가디언지 탐사기자 출신인 엘리엇 히긴스(Eliot Higgins)가 2014년 7월 창업한 민간 탐사기관이다. 벨링캣은 오로지 공개정보(OSCINT)를 중심으로 범죄혐의자를 추적하는데, 2018년 영국 솔즈베리에서 발생한 전 GRU 대령 세르게이 스크리팔 부녀 독극물(노비촉) 암살 시도 사건 주모자 3명을 공개정보 만으로 추적, 밝혀내 센세이션을 일으켰다.

지난 몇 년간 분명해진 것은, "크레믈린과 비밀기관들이 당혹해할 것이란 예상은 대단한 오판이었다"는 점이다. 2015년, 미국 정보 및 사법기관은 중국이나 러시아 해커들을 상대로 'naming and shaming(이름 붙이기와 망신주기)' 방법을 구사해왔다.

미국 기관 등을 대상으로 해킹하거나 연루자들의 이름을 노출시켜 국제적으로 망신을 주어 더 이상 이런 짓을 하지 못하도록 하는 비군사적 방식이었다. 이는 외교적 채널이나 메시지를 통해 우회적으로 항의하는 전통적 방식과 비교해보면, 혁명적 방식이라 할 수 있으며, 2016년 미국 민주당 전국위원회 시스템을 해킹한 러시아 해커들에게 적용했다.

이 전략은 약간의 효험을 보았다. 2015년 9월 중국 시진핑 주석은 오바마 행정부와 산업시설에 대한 사이버 첩보활동을 중단하기로 합의(2년 동안 그 합의는 지켜졌다)것과 러시아 FSB 사이버 부서 내 2명의 부국장과 다수의 요원들이 숙청된 것은 이 방식의 처방이 일정 정보 효과가 있었음을 보여준 사례이다.

그러나 안타깝게도 2년 후 공격자들은 이런 환경에 적응하는 방법을 알아챘다. 병원균처럼 일종의 내성이 생긴 것이다. 스크리팔 전 GRU 대령 부녀가 영국 솔즈베리에서 독극물 테러를 당하고 공격자(GRU 요원 3명)의 신원이 드러났을 때 중국 해커들에게 통용되었던 **'억지 효과'**는 눈 녹듯 사라져 별다른 영향을 주지 못했다.

러시아 GRU는 관련자를 숙청하거나, 그러한 활동을 늦춘다는 조짐을 전혀 보이지 않을 정도로 눈도 깜짝하지 않았다.
투명해지고 있는 세상에 맞추는 방법에는 두 가지가 있다. 당신이 비밀정보요원이라면 전문성을 제고하는 길인데, 이는 비용도 많이 들고 오랜 기간 노력이 필요하다. 두 번째는 과감하고 의문을 제기할 수 없을 정도의 충성심과 모험적 성향을 가진 협조자를 포섭하는 것이다.

러시아 군정보기관은 2010년대 중반 두 번째 형태의 공작요원이 다수 있었다. 러시아 국방부는 드미트리 메드베데프(Dmitry Medvedev) 장관의 지휘아래 개혁하면서 GRU 지부 요원을 감축하는 등 지부를 축소했다. GRU는 모욕감을 느낄 정도였고, GRU라는 글자 중 한 글자를 상실하여 GU(Glavnoye Upravlenie, 영어로는 Main Directorate, 주요 부서) 전락했다(4년 후 푸틴이 다시 살렸다).

2012년 푸틴이 권좌에 복귀한 뒤 임명된 **세르게이 쇼이구**(sergei Shoigu) 국방장관은 GRU를 예전의 위상으로 돌려놓겠다는 야심찬 결정했다. 이를 위해 GRU는 인원을 충원할 필요가 있었지만, 신규요원을 충원해도 이들의 갈 곳이 마땅치 않았다. 신참요원이 갈 수 있는 유일한 곳이 특수부대였다. 이들은 거칠고 용감한 자들로서, 누구든 살인할 준비가 되어있는 인간들이었으며, 결코 정보요원은 아니었다. 하지만 이들은 러시아 정보기관의 행동양태를 변화시켰다. 현행범으로 잡혀도 두려워하지 않았다.

그리고 크레믈린에게 투명한 새로운 세계에 대한 일종의 보호막을 제공했다. 전통적 스파이와 달리 노출되거나 특정 국가들로부터 추방당하는 것도 걱정할 필요가 없었다. 러시아 대사관 내에서 지위를 상실해도 실망할 만한 위치에 있지도 않았다. 그들은 공작내용을 묻지 않았다. 이유는 전쟁과 평화 틈바구니에서 살았기 때문에 이로 인한 데미지에 전혀 개의치 않았다. 이런 공작관을 훈련시키는 비용은 저렴한데다, 충원하는데 걱정이 없을 정도로 잠재적 자원이 풍부했다.

정보요원 경험이 있는 푸틴은 이를 너무나 잘 이해했다.
만약 민간비행기를 강제로 착륙(벨라루스에서 나발니를 체포하기 위해 자행)시키거나 이웃 우크라이나를 침공했다고 비난받는 사안을 다루게 되더라도 그 어떤 비난도 상황을 변화시키지 못하며 **'해방효과(liberating effect)'**만 줄 것이다.

우리가 <동포들(The Compatriots)- 런던에 추방된 러시아 신흥재벌 **올리가르히**로부터 모스크바와 밀접히 연계된 성직자까지>이라는 책을 저술하기 위해 만났던 사람들은 예외 없이 독극물 노비촉을 언급했다. 룰은 변했다. 크레믈린은 많은 사람들의 예측과는 달리 솔즈베리 독살사건처럼 실패해도 격분하지 않는다.

GRU는 새롭게 변화된 현실을 포착한 첫 기관이다. 그리고 FSB가 뒤를 따랐다. FSB는 이런 일을 할 수 있는 완벽한 체제를 갖추고 있다. 언제든지 가동할 인원도 충분하고 본부 명령에 대해 의문을 제기하는 '질 나쁜 지부 요원'도 없다.

FSB는 세대교체가 이루어져 30,40대로 채워졌고, 이들은 소련의 붕괴를 목격하지 않았다. 그러나 푸틴이라는 전대미문의 대통령이 뒤흔드는 국가체제하에서 훈련을 받고 의미심장한 경력을 쌓고 있다.

서방의 고민은 이것이다.

"노출되어도 개념치 않는 자들을 어떻게 드러내서 (응징할) 것인가? (So how can one expose somebody who is not afraid of exposure?)"[39]

---

39) 러시아 정보기관은 스파이를 양성하여 신분세탁이나 허위경력을 만들어 목표 국가나 지역에 침투시키는데, 이를 서방에서는 **'illegals(불법자)'**라고 부른다. 이들은 교묘하게 세탁한 경력을 토대로 세간의 눈에 띄지 않게 생활하며 수년간에 걸쳐 그 목표 대상지역에 서서히 파고든다. 이탈리아에서 활동하다가 러시아로 도망간 Adela K(여성)와 같은 'illegals'들은 세계 도처에 암약하며 염탐(snooping)하거나 사보타지하고, 심지어 살인행각도 불사한다. 서방을 상대로 한 비밀 전사이다.

Ⅲ. 두더지(mole) 색출 공작

FBI의 중국 스파이 체포 역공작40)

2022년 11월 16일 미국 법무부는 중국 국가안전부 소속의 스파이로 미국의 산업 기술을 빼낸 **쉬옌쥔**(42)이 미국 오하이오주 신시내티 연방법원에서 20년 징역형을 선고받았다고 발표했다. 중국의 스파이가 실제로 미국 영토 내에서 재판을 받아 처벌받은 사례는 쉬옌쥔이 처음이었다.

◆ 중국 첨단 엔지니어에게 날아온 고국의 강연 초청 메일

시작은 2017년 3월 GE 에이비에이션(Aviation)에서 일하던 **'華(화)'**라는 이름의 중국인 엔지니어가 중국 대학으로부터 받은 이메일이었다. 그는 처음에 소셜미디어 링크드인(limkedin)을 통해 난징의 항공항천(우주)대학(NUAA) 관계자로부터 강연

40) 조선일보 이철민 기자가 2023년 3월 10일자 게재한 내용으로, 필자가 일부 내용을 수정 한 후 전재했다.

초청을 받았고, 이후 이메일로 방문 계획을 구체화했다.

'화'는 GE 에이비에이션(Aviation)에서 탄소기반 복합재를 사용해 제트 엔진의 회전 팬 블레이드(fan blade)와 케이스를 설계하는 그룹에 속해 있었다. 금속 대신 탄소기반 재료를 사용하면 엔진의 무게가 가벼워져 경제적 이점이 많았다. 미국에서 구조공학 분야에서 박사 학위를 받은 '화'의 꿈은 늘 교수가 되고, 학문적 인정을 받는 것이었다. NUAA 대학 측은 '화'가 중국을 방문하게 되면 친지를 만나는 여행경비까지 부담하겠다는 약속도 덧붙였다. '화'는 망설이지 않고 수락했다.

그러나 한 가지 문제가 떠올랐다. GE측에서 하이테크와 같은 민감한 분야를 연구하는 자신의 중국 강연을 승인하지 않을 가능성이었다. 이에 '화'는 회사 측에 강연계획을 알리지 않고 중국에 가기로 결심했다. NUAA 측에는 디테일한 내용은 밝히지 않고 복합재료에 대한 일반적인 연구 결과만 예기하겠다고 귀띔했다. '화'는 GE 웹사이트에서 교육용 파일 몇 개를 다운로드했지만 여기에는 복합재료 사용에 대한 전문적인 지침도 포함되어 있었다.

'화'는 NUAA에서 장쑤성의 국제과학기술개발협회 부회장이란 직함을 가진 **'취(屈)'**의 극진한 환대를 받았다. 중국이 기업인이나 사람을 포섭할 때 자주 써먹는 수법이다. '화'는 강연장에서 한 학생이 매우 구체적인 질문을 했지만, "그 사안은 GE가 소유권을 가진 정보여서 세부사항을 공유할 수 없다"는 식으로 피해갔지만, 실제 그런 말을 했는지는 불투명하다.

어쨌든 '화'는 3,500달러 상당의 강연 사례금을 받았고, 다음날 미국으로 돌아왔다. 미국에 도착한 후에 곰곰 생각해보니 NUAA 컴퓨터에 GE 로고가 찍힌 사진이 여러 장 포함된 자신의 GE 프레젠테이션 파일을 깜빡하고 삭제하지 않았다는 사실을 깨달았다. 이후 삭제요청 메일을 한 학생에게 보낸 뒤 사안은 종결된 것으로 생각했다.

◆ FBI, '화'에게 역제안

중국을 갔다 온 지 6개월이 지난 2017년 11월 1일 '화'는 회사 측으로부터 보안 담당자를 만나라는 통보를 받았다. GE의 보안 책임자는 중국 여행을 한 이유와 목적에 대해 추궁하듯 물었다. '화'는 대학 동창회와 친지 방문이라고 둘러댔지만, 다음 순서로 2명의 FBI 요원이 그를 기다리고 있었다. FBI 역시 같은 질문을 되풀이 했고, 답변이 진실 되지 않다는 신호를 보내며, 계속해서 진술을 수정할 수 있는 기회도 주었다.

'화'가 무언가를 계속 숨기자, FBI는 친지 외에 NUAA를 방문한 증거를 전격 제시했다. '화'는 마치 파도에 덮치듯 털썩 자리에 앉을 수밖에 없었다. FBI 요원은 "연방수사관에게 거짓말을 하는 것도 범죄"라며 모든 사항을 순순히 털어놓으라고 압박했다. 마침내 '화'는 FBI 요원인 NYT지에 '**점진적 진실 말하기**'라고 묘사한 진술을 하기 시작했다.

FBI 요원 **브래들리 힐**은 '화'가 NUAA에서 복합재료로 비행기 부품을 설계하는 것에 관해 발표했다는 진술을 듣는 순간, 중국 정보기관의 산업스파이 부식 공작의 일환이라고 직감했다. 이른바 **'해외 중국 엔지니어를 통한 산업기밀 입수' 공작**으로, 난징에서 극진히 환대한 인물도 국가안전부와 밀접한 연관을 가진 인사가 담당했을 것으로 추론했다.

잠시 휴식을 통한 냉각기간을 거친 뒤 FBI는 조심스럽게 '화'에게 역제안을 했다. "FBI에 협조하면 기소되지 않게 돕겠다".

사실 '화'는 FBI의 신문을 받는 동안 가택 수색을 당하는 한편 거짓 진술도 추가도 드러났다. '화'의 진술과 달리 그의 노트북에선 미국 정부가 '수출통제'로 표시한 문서까지 드러났다.

◆ 중국 정보기관의 애국심 호소 작전

중국은 그동안 전투기, 미 국방관련 위성을 쏴 올리는 보잉사의 델타 4 로켓, 해군 시스템, 왕복우주선, 심지어 옥수수 종자까지 군·산업계의 수많은 기밀을 마구잡이로 미국에서 빼냈다.

또 미국 기업으로부터 빼낸 정보를 바탕으로 중국인이 사업체를 차릴 수 있도록 자금도 지원한다. 캘리포니아 어바인의 한 생명공학회사는 중국인 엔지니어가 중국 여행에 앞서 종종 회사의 심장 카테터(catheter)에 대한 독점적인 정보를 다운로드

한 사실을 발견하고 FBI에 신고했다. FBI는 그의 노트북에서 임대료 없이 난징의 한 산업단지 내에 사무실을 제공받는다는 계약서를 확인했다.

중국 정보기관은 중국계 미국인에게 "당신의 미국인 국적과 정보를 중국과 공유하는 것 간에는 어떠한 갈등이 없다. 당신도 중국이니 중국이 번창하는 것으로 보고 싶어 할 것"이라며 **애국심에 호소하는 책략**을 구사한다. 전통적인 방법이면서도 변함없이 먹히는 협조자 포섭 수법이다.

중국은 사람을 포섭할 때 **환대**하는 수법을 잘 쓴다. 누구나 분에 넘치는 환대를 받고 나면 부채의식을 갖게 된다. 처음에는 레드라인을 지켜야 한다고 각오하지만 환대를 받고 나면 의도하지 않았던 정보까지 자발적으로 제공한다.
학생들이 계속 민감한 질문을 던지면 처음에는 "그건 말할 수 없다"고 자르지만 강의가 진행될수록 자신이 똑똑하고 지적 능력을 과시하고 싶어 술술 얘기하는 경우가 비일비재하다. 특히 칭찬까지 곁들이면 효과가 배가된다.

◆ 구글 클라우드 서버 : 중국 스파이 정체 드러내기의 숨은 보고

하는 수 없이 '화'는 FBI에 협력하기로 마음먹는다. FBI의 역공작의 길이 열린 것이다. 모든 일은 '화'가 전면에 나서기로 하고 FBI는 뒤에서 조종하는 역할을 맡았다.

중국과의 접촉이나 관련 서한 작성 등 모든 이메일과 내용을 '화'가 작성하여 중국 측의 의심을 피했다. '화'는 2018년 2월 춘절을 맞아 다시 중국을 방문하고 싶다는 내용의 이메일을 보냈다. 중국 접선 창구인 장쑤성 국제과학기술개발협회 부회장이란 **'치'**는 "어떤 기술이 필요한지 알려 주겠다"며 답신을 보낸다. FBI는 '치'가 구글 이메일 계정을 2개 사용한 점에 착안, 구글 클라우드 서버를 뒤져 '치'의 모든 자료와 통화 내역을 확보했다.

'보물창고'가 열려라 참깨라는 구호와 함께 열리면서 '치'의 정체가 드러났다. '치'의 본명은 **쉬옌쥔(徐健君)**으로 **국가안전부** 소속이었다. 그는 미국기업으로부터 정보를 빼내려고 하는 여러 협조자를 키워 부식하는 핸들러(첩보원 조종관)이었다.

아이클라우드에는 '치'의 신용카드, 급여 명세서, 건강보험 카드 외에도 그가 미국의 여러 우주항공기업 엔지니어들과 통화한 내역, 정보 전달 시 주의사항 등 혐의를 입증할만한 온갖 정보가 저장되어 있었다.

'쉬'가 NUAA 모 교수에게 "미국의 F-22에 대한 정보를 빼내야 한다"고 말한 통화기록에 이어 불륜 여성과의 이별을 안타까워하는 불미스러운 기록도 있었다. '쉬'가 왜 경솔하게 이 모든 것을 아이클라우드에 자동 저장되게 했는지는 의문이지만, FBI로서는 횡재한 셈이다. 대부분의 증거를 힘 적게 들이고 원스톱(one-stop)으로 확보한 경우가 흔치 않기 때문이다.

FBI는 마지막 단계로 체포 작전에 돌입한다. 미국 대학 · 기업들은 정보 및 안보수사기관들이 그렇게 산업스파이의 위험성에 대해 경고하면서 그 배후에 중국이 도사리고 있음을 강조해도 반신반의해왔다. 돈만 벌면 된다는 일념으로.
그래서 '쉬'의 가면을 확실히 벗겨 대중에게 공개할 필요가 있었다.

◆ 기밀로 포장한 자료 보내 중국 스파이 입맛 자극

중국 스파이 **쉬옌쥔**은 GE '화'에게 팬 블레이드 케이싱(casing)과 관련된 자료를 요구했고, '화'는 해당 자료를 보냈다. 하지만 이는 GE 측이 FBI의 요청에 따라 보낸, 별다른 내용도 없는 그럴듯한 자료에 불과했다. 춘절 방문을 앞두고 '쉬'는 '화'에게 보다 구체적인 자료를 요구한다.

하지만 '화'는 중국 방문 직전 "갑자기 3월 프랑스 출장이 잡혀 출장 준비 때문에 회사가 중국 방문을 허용하지 않는다"는 이유를 담은 이메일을 보낸 것으로 역공작은 막을 내린다.

FBI의 메두사 작전 : 러시아 FSB의 `사이버 두더지` 파괴

메두사 작전은 FBI가 몇 년 전부터 러시아 정보기관 FSB(연방보안국)가 나토 등 전 세계 50개국에 심어놓은 사이버 스파이망 파괴작전이다. 메두사(MEDUSA)는 그리스 신화에 나오는 인물로 머리카락이 뱀인 괴물인데, 러시아가 심은 악성 멀웨어(악성 소프트웨어) 이름이 **'스네이크(뱀)'**인 점에 대응해서 명명한 작전이었다.

50개국에 침투한 러시아 스파이 네트워크 일망타진 내용은 2023년 5월 9일 미국 법무장관인 매릭 갈런드가 공식 발표했다. 러시아의 사이버 첩보활동을 주도한 곳은 **'툴라(Turla)'**부대이다. 툴라는 2004년부터 스네이크 멀웨어를 북대서양조약기구(NATO)를 비롯한 주요 관심 대상 50개국 컴퓨터 시스템에 침투시키면서, 중동 국가나 러시아가 위협으로 간주하는 국가로까지 정보수집 목표를 확장했다.

툴라는 이 악성프로그램을 통해 무려 20년 동안 민감한 정보를 빼내고, 미국과 동맹국 뿐만 아니라 민간 부문 조직에도 적지 않은 피해를 입혔다.

미국 정부와 유엔 및 나토 회원국 정부가 주고받은 각종 서류도 탈취 하고, 나토 회원국 정부가 운영하는 컴퓨터 시스템에서 민감한 자료도 유출했다.

침투대상은 정부기관과 언론인 등도 망라했다. 나토 회원국 군대나 국방계약자, 통신 및 기술 회사도 당연히 주요 타깃이 되었다. 수법은 스네이크 멀웨어에 감염된 전 세계 컴퓨터를 P2P 스파이 네트워크로 활용했다. 훔친 민감한 정보는 출처를 감추기 위해 미국 내 감염된 네트워크를 통해 세탁까지 했다.

이에 미국과 동맹국들은 협업체제를 갖추어 대응하기로 한다. 작전명을 **메두사**로 정했다. 이에는 이, 뱀에게는 뱀으로 대응한다는 의지의 표현이었다. 그리고 스네이크를 파괴할 대응 프로그램을 개발했다. **퍼시어스**(PERSUS)로 이름 붙였다. 퍼시어스는 그리스 신화에서 메두사를 퇴치한 영웅(Perseus 페르세우스)의 이름에서 따왔다.

퍼시어스를 통해 스네이크 멀웨어를 통해 전 세계에 구축된 러시아 스파이 네트워크를 무너뜨리는 것이 최종 목표였다. 네트워크로 연결된 멀웨어에 자폭 명령을 내리는 것이다.
그간 미국은 민감한 정보가 자꾸 새나가는 것을 감지하고 추적한 결과, 오리건과 사우스캐롤라이나, 코네티컷주에 위치한 연방정부 컴퓨터에서 멀웨어를 감지하고 정밀 추적했다.

그 결과, 해당 멀웨어는 러시아 외곽 랴잔에 있는 FSB 산하 부대 '툴라'와 연결된 것으로 확인했다. 비장의 무기 퍼시어스를 가동했다. 퍼시어스는 FBI가 의도한 대로 2023년 5월 8일 미국을 포함한 50개국 컴퓨터에 설치된 러시아의 멀웨어를 한꺼번에 제거하는 개가를 올렸다.

모나코 미 법무차관은 "러시아 악성코드에 자동적으로 대응하는 첨단 기술 작전을 통해 러시아가 20년 동안 사용한 가장 정교한 사이버 스파이 도구 중 하나를 무력화했다.
미 법무부는 피해자들이 자신을 보호하는 데 필요한 정보의 공개와 결합함으로써 악의적인 사이버 행위자들과 싸우겠다. 러시아는 한동안 회복하기 힘든 타격을 받았을 것"이라고 강조했다.[41)]

---

41) 한편 FBI는 2012년 중국에 심어 놓은 협조자들이 하나 둘 씩 조직적으로 사라지는 것을 보고 미 정보기관 내에 '두더지'가 있다고 보고 CIA와 함께 두더지 색출작업에 나선다. 이른바 **'벌꿀 오소리(Honey Badger) 작전'**이었다. 당시 양 기관 사이에는 기밀 유출 출처를 놓고 대립하기도 했다. FBI는 CIA 내부 소행자를 의심하고 중국 스파이들이 미 국가안보국(NSA)과 대만 네트워크와, CIA의 은밀한 채용과정에도 침투한 정황을 들었다. 반대로 CIA 일각에서는 식당 종업원까지 중국 정보당국의 끄나풀인데 늘 같은 동선으로 움직이고 같은 음식점에 가는 放心(방심)과 중국 정부의 해킹이 이런 화를 초래했다고 보았다.

'벌꿀오소리 '팀이 결국 주목한 인물이 있었다. 귀화 미국인 **제리 천싱리 (Jerry Lee** 당시 53세)였다. 1994-2007년 CIA에서 일했고 승진에 실패하자 이에 불만을 품고 사직했다. 그는 중국 정보원 스파이망 구축에 처음부터 가담한 인물이었다. 홍콩에 살던 '리'가 2012년 8월 가족과 하와이를 거쳐 버지니아주로 옮겨 오자, FBI는 은밀하게 그의 호텔 짐을 수색했다. 짐에서 CIA 재직 중에 '리'가 관리했던 중국 정보원들의 실명과 연락처, CIA 요원과의 회합내용을 적은 노트북 2권을 확인해 촬영했다. 그럼에도 '리'는 이후 홍콩으로 돌아갔다.

영국 MI5의 함정공작, 베를린 대사관 내 '러시아 두더지' 잡다.

영국의 국내보안기관인 MI5가 오랜 만에 한 건했다. 영국이라는 강대국의 위상에 비해 그다지 큰 활약상을 보여주지 못한 기관이다. 그런데 '부자 집이 망해도 3년은 간다'는 말이 있듯이 정보기관의 칼날이 아직은 살아있음을 보여준 사건이 있다. **함정공작**(sting operation)을 통해 베를린 주재 영국 대사관 내에 두더지처럼 암약해 있던 러시아 스파이를 잡아 낸 것이다.

FBI는 2013년 5월과 6월 그를 다시 미국으로 유인했다. 퇴직 요원들에게 제공하는 '계약직'을 제의하면서 다섯 차례 인터뷰했다. '리'는 자신이 과거 CIA 활동 중에 습득한 비밀정보를 담은 노트북을 갖고 있다는 사실을 끝내 밝히지 않았다.

5년이 흘렀다. 2018년 1월 16일 미 법무부는 "지난 수년간 CIA의 중국 첩보망을 거의 붕괴시킨 혐의로 중국계 전 CIA 요원 제리 천싱리를 체포했다" 고 발표했다. 2016년 한 해에만, FBI 현직 요원과 전직 CIA 요원, 국무부 최고 보안책임자가 체포되었다. 유출 정보의 행선지는 모두 중국이었다.(출처 : 조선일보, 2018년 1월 18일자.)

그 러시아 스파이는 영국 대사관 보안 경비원이었고, 2023년 2월, 13년형을 언도받고 수감되었다. 당사자의 이름은 **데이비드 발렌타인 스미스**(David Ballantyne Smith)로 58세이며 스코틀랜드 페이즐리(Paisley) 태생이다. 이 재판을 담당한 판사는 추상같은 판결을 내렸다.
공안사건, 간첩사건에 대해 온정일변도인 우리나라 좌파성향 판사들이 눈 여겨 봐야 할 대목이다.

동 판사는 "러시아를 위한 스파이 행각은 '조국에 대한 배신' 이자 전임자를 극도의 리스크에 빠트린 행위"라고 매섭게 질타했다.

MI5와 독일 경찰은 동명을 체포한 이후 사무실과 자택 등에 대해 치밀한 수색을 벌였다. 그 결과, 베를린 대사관에 있는 그의 책상과 잠기지 않은 파일 캐비넷에서 복사한 비밀서류가 발견되었으며, 그 서류에는 보리스 존슨 전 영국 총리가 보낸 편지도 있었다. 동명은 보안 업무를 맡고 있는 스태프에 대한 상세 자료를 러시아 정보기관 핸들러에게 리크했는데, 그 서류에는 집 주소, 전화번호, 친척들에 대한 개인적 사진 등도 망라되어 있었다. 발각에 대비하여 "Berlin holiday PicsNews" 라는 이름으로 USB에 담아 보관했다.

"대단히 민감한 자료" 중 하나는 "Diplomat X(외교관 X)"라는 이름으로 작성된 것으로, Diplomat X는 베를린 대사관에서 러시아 업무를 주로 취급하는 외교관이었다.

전 공군 이등병 출신인 스미스(Smith)는 러시아를 구사하는 우크라이나 여성과 결혼했지만, 마누라가 2018년 우크라이나 돈바스로 돌아간 뒤 아파트에 혼자 살면서 하루에 맥주를 7pints(1 pint는 0.568리터)나 마셔댔다. 독일 경찰은 후에 스미스(Smith)가 거실 한 구석에 커다란 러시아 연방국기를 걸어놓고, 러시아 군 모자를 쓴, 사람 크기의 로트와일러(Rottweiler) 인형을 갖다놓았다고 밝혔다. 영국 대사관내 그의 라커 안에는 군복 입은 푸틴 만화가 나치 유니폼을 입은 전 독일 총리 메르켈의 목에 걸려 있었다. 독일어로 "러시아여 다시 한 번 우리를 해방해주소서"라는 글귀와 더불어 러시아어로 된 음란사전도 있었다.

스미스(Smith)는 1911년과 1920년 제정된 '공무비밀법'상 8가지 위반혐의로 기소되었지만, 뻔뻔스럽게도 의도적으로 해를 끼치지 않았다고 변명했다. 법정에서 대사관측을 "당황스럽게 할 의도"였을 뿐이라고 강변하자, 담당 판사는 "회개하는 모습을 보이는 그 어떤 움직임도 인정할 수 없으며, 당신의 회개는 자기연민일 뿐"이라며 단호히 기각했다.

"당신이 진실로 반성한다면 이 재판정에서 나에게 거짓말을 하지 말았어야 했다. 당신은 대사관을 지키는 보안요원이다. 비록 간부직위는 아니지만 당신에겐 고도의 신뢰와 책임감이 부여되어 있다. 대사관과 직원들을 안전하게 보호하는 것은 당신이 해야 할 임무다. 당신은 대사관 직원들을 극도의 위험에 빠트렸다. 당신이 일을 벌인 시점에서 이미 당신에게 놓여 진 신뢰에는 명백히 금이 갔다."

스미스(Smith)는 2021년 2월 시작부터 은행계좌에서 현금인출을 중단했으며, 100유로짜리 5장이 담긴 하얀 봉투를 사진으로 찍고 텔레그램 메시지로 마누라에게 보낸 뒤 삭제했다. 스미스(Smith) 자택을 수색하던 중 800유로가 액면가 100유로 노트에서 발견되었는데, 전부 합쳐보니 최소 1,300유료를 지불한 것으로 밝혀졌다. 이는 빙산의 일각이었다.

한편 담당 판사는 "스미스가 받은 방대한 양의 서류 기록이 없는 것은 별로 놀랄만한 일도 아니다"고 말하면서 "당신은 조국을 배신한 대가로 러시아 당국으로부터 돈을 받았고, 이 자금은 당신의 행동을 고무하는 의미 있는 촉진제 역할을 했다고 본다"고 덧붙였다.

◆ MI5의 함정공작

꼬리가 길면 반드시 밟히는 법. 영원히 들키지 않은 것 같은 스미스의 스파이 행각은 한 통의 편지에서 꼬리가 밟힌다. 스미스는 어느 날 베를린 주재 러시아 대사관 소속 무관인 **세르게이 추크로프**(Sergey Chukhrov)에게 한 통의 편지를 보낸다. 영국 대사관 통신담당으로 위장했지만, 2020년 11월 통신감청은 그 실마리를 포착한다.

이 첩보를 통보받은 영국의 국내보안정보기관인 MI5는 **sting operation(함정 공작)**을 통해 증거를 잡아 체포하기로 결정한다.

함정공작 시 "role play"할 요원을 러시아 "**walk-in**[42] **드미트리**(Dmitry)로 가장한 뒤 얼굴 마스크와 안경 및 평평한 모자를 쓰고 일간지 디 벨트(Die Welt) 속에 비밀 문건을 감추고 전달했다. 이 장면은 스미스가 나락으로 떨어지는 시작점이었다. 당연히 CCTV가 있는 곳을 정해 드미트리 얼굴이 CCTV에 잡히도록 했다. 스미스는 '버너 폰'[43]에다 전달받은 가짜 서류뭉치를 저장한 뒤 서류를 핸드폰으로 촬영했다.

이틀 후 포츠담의 전철역에서 다른 MI5 role play 공작관을 만나 자신의 집 근처로 간다. 그녀는 '**이리나(Irina)**'로 불리는 공작관이었다.

공원 벤치에 앉아 "당신이 나를 보자고 했죠."라며, 넌지시 말을 건넨 뒤 러시아 대사관 내에 mole(두더지, 대사관 내에 심은 간첩)로 의심되는 사람들의 사진을 보여주었다.

스미스는 신경질적인 반응을 보이며 말했다. "두더지로 의심되는 사람이 확인되면 누군가에게 말하려고 했소. 확인되면 당신에게 말하겠소. 나는 그런 일을 하는 개자식을 믿지 않소. 당신은 MI5 혹은 MI6를 믿소?."

42) 외국 재외공관인 대사관, 영사관, 공사관, 총영사관이나 외국 정보기관 본부에 찾아와서 첩보원을 자원하는 사람으로, 금전적 대가를 목적으로 하는 경우가 대부분이다. 때로는 정보기관에서 첩보원을 지원자로 위장해 상대국가에 침투시켜 거짓 정보를 퍼뜨리기도 한다. 이런 첩보원을 ' **달랑이(dangle)** ' 라고도 한다.

43) 버너 폰은 일반적으로 더 이상 필요하지 않을 때 폐기할 수 있는 저렴하고 약정이 없는 선불 전화기를 말한다.

미행 감시[44]를 통해 스미스의 행각을 채증해 온 독일 경찰은 영국 MI5가 제공한 증거 및 정보자료를 바탕으로 더 이상 방치하면 스미스가 눈치 채고 러시아 등으로 도주할 우려가 있다고 보고 자택에서 전격 체포한다. 몇 년 간에 걸친 스미스의 조국 배반행위가 막을 내리는 순간이었다.

이 사건은 개인의 정상적이지 못한 사생활과 편향된 이념을 가진 인물은 언제든지 경쟁국 정보기관의 포섭대상이 된다는 스파이세계의 기본을 잘 보여준 사안이다.

44) 보통 미행감시를 피하기 위해(이를 '탈미'라고 한다) 목적지를 향해 갈 때 교차로를 수없이 건너가고, 입구를 순식간에 통과하는 방법을 자주 구사한다. 또 미행자를 찾아내려고 집중하지 않는 방법도 쓴다. 미행여부에 집중하면 시야가 좁아지기 때문이다.

비밀공작(The covert operation)

초판 발행 : 2023년 6월

지은이 : 이 일 환

발행처 : 인트루스(In-Truth) 출판사

서울 중구 수표로 48-12, 203호

Fax 겸 일반전화 (02) 2261 - 1009

이메일 : jina_family@naver.com

출판등록 : 2022년 1월 3일, 제2022-000001호

인 쇄 : 이레문화사

ISBN : 979-11-977556-2-0

정가 : 13,000원